AVENIR

FORESTIER

DE

LA FRANCE

Paris, imprimerie Guiraudet et Jouaust.
rue Saint-Honoré, 338.

AVENIR
FORESTIER
DE LA FRANCE

CONSIDÉRÉ

DANS SES RAPPORTS AVEC LES ESSENCES RÉSINEUSES

PAR

LE C^{TE} RAOUL DE CROY

« La France périra faute de bois. »
(COLBERT.)

PARIS

CHEZ Mme CROISSANT, ÉDITEUR

(Au Bureau du *Cours complet d'agriculture*

rue des Moulins, 8, près la rue Thérèse

1853

A Son Excellence le Comte de Persigny,
ministre de l'intérieur.

MONSEIGNEUR,

En publiant ces lignes, dictées par une longue expérience et par mon désir d'être utile à mes concitoyens, je me suis flatté de leur voir obtenir votre assentiment. Placé, comme *Colbert*, sur les degrés du trône d'un prince illustre, vous pouvez, ainsi que ce grand homme d'état, appeler par votre génie la France à des destinées nouvelles. Je les espère et j'y crois, depuis que dans l'unanimité de sa pensée elle a choisi son guide suprême. Aujourd'hui c'est un devoir d'apporter son concours au grand œuvre de l'avenir. Je le fais avec bonheur, et avec la confiance que mes paroles seront entendues, si vous les jugez dignes de votre attention.

Agréez, Monseigneur, l'assurance de ma haute considération.

COMTE RAOUL DE CROY.

AVENIR

FORESTIER

DE

LA FRANCE.

CHAPITRE Ier.

—

Notions historiques sur le régime forestier.

On a dit avec raison que si les forêts pré-
cédaient les peuples, les déserts suivaient
ces derniers. En effet les contrées au midi de
l'Europe et celles les plus rapprochées de
l'Asie, qui furent jadis habitées par des na-

tions puissantes, n'offrent plus aujourd'hui qu'un sol aussi nu qu'infertile, des déserts et des ruines. — L'homme, dans ses affinités sociales, s'empare avec ardeur des richesses que la nature et les siècles accumulent auprès de lui; il en jouit en possesseur avide, sans réserves comme sans prévoyance; la destruction suit rapidement sa venue. En disparaissant du sol les forêts laissent à découvert la charpente rocailleuse des contrées, les vallées se comblent, les eaux disparaissent, se perdent, et les conditions hygrométriques se modifient à tel point, qu'une sécheresse incompatible avec le développement d'une végétation nouvelle frappe de stérilité et d'anéantissement les contrées dont l'homme a dévoré la puissance reproductive (1).

(1) Montesquieu, *Espr. des lois*, liv. 18, ch. 3.

Aux différentes époques de la vie des nations les richesses que le temps a accumulées
sur la terre sont nécessairement considé-
rées sous un aspect qui ne saurait être le
même : pour les peuples conquérants s'établissant dans les pays nouveaux, les forêts
sont tout à la fois un obstacle et une res-
triction à leurs jouissances. Les bois sont
dédaignés ; on trouve une contrée d'autant
meilleure que la culture leur a enlevé plus
d'espace ; détruire ces bois est une œuvre mé-
ritoire et la législation va jusqu'à l'imposer
et la prescrire. Sous le règne de Louis le
Débonnaire, il en était ainsi en France ; il
en est encore de même dans une grande
partie des États-Unis américains, tandis que
vers leur littoral, premier asile de l'émigra-
tion européenne au 16e siècle, la disette de
combustible a depuis long-temps rendu les
reboisements indispensables et forcé à as-

surer les ressources de l'avenir par des aménagements réguliers (1).

Sous le règne de Charlemagne, nos lois
forestières prescrivaient les défrichements.
Stirpare faciant judices, disent-elles, *ubi
locus ad stirpandum*. Le successeur du
grand homme défendit de planter des bois.
Sous Édouard Ier, en Angleterre, on re-
commande, dans des ordonnances qui va-
lurent à ce prince le surnom de Justinien
anglais, *la déforestation*, ainsi que s'exprime
le latin barbare du 13e siècle. Ce n'est qu'au
siècle suivant que les édits de nos rois commencent à témoigner quelque intérêt en faveur de la conservation de nos forêts. Louis
le Hutin et Philippe le Long rendent des
ordonnances contre la dépaissance et enjoi-

(1) La *Rev. lép.* E. d. g. d. m.

gnent de vendre les coupes aux enchères.
Sous le règne de Charles V il paraît, en 1376,
un règlement qui pose les bases d'une véritable organisation forestière. François Ier,
en 1515 et 1518, renouvelle ces ordonnan-
ces, en y apportant des additions remarqua-
bles. Un système d'aménagement commence à se montrer, le principe de la
réserve des baliveaux sur taillis est établi;
les droits d'usage, de pâturage, de panage
dans les forêts domaniales, sont soumis à
des règles nouvelles. Une pénalité plus ré-
pressive frappe les délits forestiers; la Cour
des comptes est chargée d'une surveillance
particulière. Le nombre des agents forestiers est limité; on en exige un cautionne-
ment. Enfin, dès lors, la propriété forestière est reconnue, réglementée et défendue
contre les éléments qui tendaient à la détruire.

Les particuliers purent profiter des ordonnances rendues par François Ier, qui
n'étaient avant lui applicables qu'aux biens
domaniaux Bientôt nous allons voir sous
Henri II et sous Henri III reconstituer les tribunaux *des tables de marbre*, qui essayaient
de maintenir à côté des parlements leur
juridiction spéciale sur les eaux et forêts.
Les édits de 1561 et 1563 placent les bois
du clergé et ceux des communes sous la
surveillance responsable des officiers des
maîtrises royales. L'ordre de Malte lui-
même, en dehors jusque là des obligations
légales, est obligé de soumettre ceux qui
dépendent des commanderies à l'action des
agents forestiers. En 1594, Henri IV renouvelle les règlements contre les abus des
droits d'usage. Sous Louis XIII et au commencement du règne de Louis XIV, les mêmes abus subsistent ; la vénalité des offices

forestiers en augmente le nombre et l'importance. Il faut l'arrivée de Colbert aux affaires pour qu'une réforme générale soit appliquée à cette partie si précieuse des richesses du pays, et ce n'est qu'après l'inutile tentative de 1661 qu'apparaît la fameuse ordonnance de 1669, dont le génie de cet homme d'état devait doter la France.

Nous n'entrerons pas dans l'analyse de cette ordonnance, formant un véritable code forestier, tout en conservant cependant beaucoup des éléments déjà existants. Des détails sur la juridiction contentieuse ou volontaire des eaux et forêts, des maîtrises, sur les *Gruries*, les tables de marbre, etc., nous entraîneraient hors de notre sujet. Colbert avait alors à lutter contre une organisation toute-puissante qu'il ne pouvait entièrement réformer, mais qu'il régularisa en la reconstituant. Elle resta jusqu'en 1789 le code qui gouvernait la matière ; et pourtant, chose triste à avouer, malgré ces sages et prévoyantes mesures, le sol forestier continua à s'amoindrir : la forêt d'Orléans, pour n'en citer qu'un exemple, avait perdu, en 1721, un quart de la superficie qu'on lui connaissait en 1671.

La révolution française vint briser cette législation, qui comptait plus d'un siècle d'existence. Les lois des 25 décembre 1790 et 29 septembre 1791 substituèrent aux règlements prohibitifs une liberté à peu près absolue. La loi du mois de juillet 1790 avait, il est vrai, distrait les forêts de la vente des biens nationaux ; mais on revint bientôt sur cette mesure, et on aliéna successivement les bois qui contenaient moins de 100, de 150 et enfin de 300 arpents. Vendus à vil

prix, ces bois furent rasés par des spécula-
teurs avides qui craignaient pour l'avenir.
Le gaspillage, le vol, les abus de toute espèce, frappèrent de mort les réserves qu'a-
vait imposées l'ordonnance de Colbert. Le
Directoire et le Consulat eurent une rude be-
sogne à remplir pour reconstituer un peu
d'ordre dans cette partie du service public.
Malheureusement le mal était fait, et les
dispositions les plus sages ne purent em-
pêcher que le passé ne fût accompli sans
retour.

Le Code forestier fut promulgué le 31
juillet 1827. Il se compose de 15 titres et
de 225 articles qui règlent toutes les parties
de notre administration forestière et abroge
(tit. 14) toutes les ordonnances et règlements antérieurs. Après la seconde restauration, on adjoignit l'administration fores-

tière à celle des domaines, mesure économique, malheureuse pour ces deux administrations. C'est encore aujourd'hui l'une
des grandes régies de l'Etat, ayant pour
chef un directeur général et trois admini-
strateurs : l'un du personnel et de la comp-
tabilité, l'autre du matériel, et le dernier du
contentieux, sous les ordres du ministre des
finances.

En 1817, la loi du 25 mars affecta à la
caisse d'amortissement le produit des coupes des bois de l'Etat, avec faculté au profit
de cette caisse d'en aliéner le fonds dans
certaines circonstances. Cette aliénation
n'eut pas lieu; mais, à la fin de 1830, une
portion du revenu forestier s'élevant à quatre millions, qui avaient été distraits de la
dotation de la caisse d'amortissement pour
être alloués à des établissements ecclésias-

tiques, fut affectée par la loi de 1831 au paiement de la dette publique, et on lui concéda le droit d'aliénation. Cette fois il en fut usé, et une portion de nos forêts subit cette destruction nouvelle : car la faculté de défricher a toujours séduit chez nous le plus grand nombre des propriétaires.

Nous devons à l'exemple de l'Allemagne l'institution de notre école forestière, ouverte à Nanci le 1er janvier 1825. Le célèbre Hartig a fondé par lui-même les instituts de Dillenbourg et de Hundingen. Pourquoi son exemple n'a-t-il pas été suivi parmi nous ? Les fermes modèles, les écoles des arts et métiers, se sont multipliées; mais, pour satisfaire à la sollicitude que réclame la sylviculture, nous n'avons que vingt-quatre élèves pour toute la France..... Est-ce une ressource pour conserver et pour améliorer nos bois? Aux économistes de répondre!

CHAPITRE II.

—

Situation actuelle. Considérations générales.

Malgré les graves événements politiques qui ont préoccupé les esprits depuis quelques années, l'attention publique s'est portée de plus en plus sur la situation présente et à venir de la France quant à la richesse

forestière. Le mouvement agricole et indus-
triel, en appelant les forces vives du pays à
prendre part dans les relations qui consti-
tuent une civilisation avancée, a fait comprendre aux esprits d'élite , comme aux
masses, la pénurie de combustible et de bois
de service dont la France est menacée La
position du pays est, sous ce rapport, excep-
tionnelle. Sous des latitudes analogues, les
nations limitrophes sont plus favorisées soit
par un sol forestier plus étendu, soit par des
ressources houillières que la France n'a pas
en sa possession. L'Espagne et l'Italie font
exception par un climat favorisé du soleil ;
mais l'Angleterre, l'Allemagne, la Suisse ,
la Norwége, la Russie , etc. , possèdent des
bassins houillers, ou de vastes forêts, riches
de toutes les économies du passé , et objet
de soins et de travaux intelligents. Durant
des siècles, chez nous , la production du

bois a eu à fournir aux besoins de toutes les industries, comme à ceux de la population. Elle a eu à lutter contre les développements de l'agriculture, qui sollicitait les défrichements; contre la multiplication des bestiaux, qui rendait la dépaissance plus active. Enfin elle est incessamment en hostilité avec le morcellement, la création et le mouvement de la richesse mobilière et la tolérance qu'une législation insuffisante ou prévenue accorde à ses nombreux déprédateurs. Toutes ces causes de dépérissement ont eu leur action. La propriété forestière, par tous les points battue en brèche, s'est amoindrie sans cesse comme surface et comme production. Le mal a fait des progrès si rapides, que chacun aujourd'hui peut apprécier le péril qui nous menace, et le mot de Colbert : « La France périra faute de bois », qui semblait il y a cent ans une forte exagération, est démontré maintenant par trop de faits pour inspirer encore des doutes.

Entrons à ce sujet dans quelques développements.

Si le nord de la France apporte une certaine application à la conservation de ses forêts, les populations du midi semblent ne pas attacher le même prix à celles qui pourraient enrichir leurs contrées. Les Cévennes, les Alpes françaises, où leur conservation était plus nécessaire qu'ailleurs, sont déboisées, non seulement dans la plaine, mais jusque dans les montagnes. L'administration forestière a lutté avec persévérance contre un parcours effréné, contre une fureur destructive qui se traduisait par des incendies et par le pillage, sans pouvoir arrêter le mal. Les conséquences de cette modification de sol, qui dépouillait de bois les hauteurs, ravinait et entraînait la terre végétale dans les pentes, convertissait des ruisseaux réguliers et bienfaiteurs en torrents dévastateurs, n'ont pu servir de leçon à des populations aveugles. L'habitant des montagnes de certaines vallées en est réduit à alimenter son foyer avec la fiente des troupeaux. Celui de la plaine ne voit plus les orages s'approcher sans terreur, et, malgré ces funestes conséquences d'abus séculaires, ils poursuivent incessamment leur œuvre de destruction, semblables en cela aux populations mahométanes qui ont fait rapidement de la Grèce une terre de barbarie.

Les forêts d'essence feuillue ont depuis long-temps disparu du sol de la Provence, du Languedoc et d'une grande partie de la Gascogne. On était loin de penser, à l'époque où s'opérait cette révolution, aux conséquences que la destruction des forêts exercerait sur le climat et sur l'économie publique de toute une contrée. Nous connaissons, dans l'Ariége, des vallées où l'industrie des fers est compromise par la rareté des charbons de bois. Si les Pyrénées n'en sont pas encore à ce point, leur déboisement fait cependant des pas rapides, et l'Auvergne a complétement changé d'aspect, depuis vingt ans, grâce au défrichement, au morcellement et au parcours.

On s'est préoccupé avec raison des intérêts matériels de la société, et dans ce mouvement des esprits vers le bien-être général, on a oublié qu'après la faim, le froid est une des plus grandes misères de l'homme.

L'accroissement de la population oblige les gouvernements à porter leur attention sur les progrès de l'agriculture; mais la production forestière n'appelle ni les encouragements ni les prévisions de nos hommes d'état. Aux défrichements des terres incultes, à l'application du capital à l'agriculture, au développement du commerce et de l'industrie, les céréales ont obtenu une fixité relative dans leur prix moyen ; seul, le prix des bois, au lieu de diminuer, ou même de rester fixe, a augmenté dans une progression fâcheuse. Dans beaucoup de localités, depuis le commencement du siècle, le chiffre s'est élevé d'un cinquième, d'un quart et même d'un tiers, sans que les améliorations importantes apportées dans les voies de transport aient pu arrêter cette marche ascendante. C'est que la production forestière suit une marche inverse à l'ac-

croissement des populations. La pénurie
n'est jamais, comme celle des céréales, instantanée; l'augmentation s'accomplit avec
le temps; elle ne frappe pas immédiatement
les masses, qui restent indifférentes au len-
demain, et cependant le fait est plus grave
que s'il s'agissait de certaines crises sociales
résultant de l'absence de produits manu-
facturés. Dans ce cas, le commerce et l'industrie suppléent rapidement au vide qui se
fait sentir, mais il ne saurait en être ainsi
des bois. Les résultats d'un reboisement
sont incertains, exposés à mille chances
d'insuccès et pour le moins fort éloignés.
Le bois est d'ailleurs une matière essentiellement encombrante, qui ne peut guère être
consommé que dans les lieux de production
ou d'arrivages directs. L'hectolitre de blé,
en temps de disette, a une très grande valeur, et comprend facilement ses frais de

transport; il n'en peut être ainsi pour l'hectolitre de bois (10ᵉ du stère); quelque
grande que soit sa valeur, elle sera immédiatement absorbée par son transport, ne
fût-ce qu'à quelques kilomètres de distance.

Malgré les progrès qu'on a droit d'espérer dans les moyens de communication,
il est impossible de s'attendre à ce que le
transport du bois dépasse un rayon qui
sera toujours fort restreint, et que les améliorations du temps n'étendront jamais en
raison de la progression des besoins.

On peut appliquer en grande partie ces
réflexions au combustible houiller, dont les
sources sont d'ailleurs loin d'être inépui-
sables. L'Angleterre n'est pas éloignée du
moment où son immense commerce sera
frappé de paralysie par suite de l'élévation

des prix que la rareté de ce combustible imposera aux producteurs.

Le cri d'alarme jeté par Colbert était sans doute prématuré ; c'était là les hautes prévisions de l'homme d'état ayant fouillé du regard dans les entrailles de la France, prévoyant sa grandeur, mais ne se dissimulant pas quelle pourrait être, sous quelques rapports, sa faiblesse. Lorsque ce cri tombait de sa plume, le pays n'était pas lancé dans cette voie active qui depuis a dû satisfaire, en y contribuant, au développement de sa civilisation. Alors les défrichements pouvaient être avantageux ; le morcellement appliquait par le travail un capital à la terre, dont il augmentait le produit ; aujourd'hui la situation a complétement changé ; on commence à ouvrir les yeux sur les périls d'une industrie trop exigeante, sur les déplacements des populations rurales et leur agglomération dans les grands centres manufacturiers; on comprend qu'avant tout, par sa position géographique, par ses ressources territoriales, la France peut et doit suffire à ses besoins. Il faut donc ramener son attention sur les richesses qu'elle possède en propre, son agriculture, ses bois, ses vins; ne prêter d'encouragements qu'aux producteurs modestes, longtemps oubliés, qui s'efforcent de l'affranchir du tribut qu'elle paie aux autres nations. Il faut prévoir, comme Colbert, l'avenir que la position actuelle entraîne, et diriger d'avance le travail et les capitaux vers les points qui demandent du développement.— Le grand homme qui retrempa depuis nos destinées, au commencement du siècle, n'avait pas seulement une pensée de réciprocité hostile dans le blocus continental, il y

voyait une nation participant à son génie,
grandissant par ses efforts, satisfaisant ses
besoins et trouvant encore dans un surcroît
de puissance des moyens de rester la sou-
veraine du monde par son goût et son in-
telligente activité.

Au point où en sont les choses, le concours du gouvernement est devenu indispensable. Pour être efficace, la loi forestière
devrait être plus sévère qu'elle ne l'est réel-
lement. La propriété, cette base de la civilisation moderne, conquête, pour ainsi dire,
du 19e siècle, qu'elle appartienne à l'état
ou au particulier, a droit à la protection lé-
gale ; et cependant, quand toutes les autres
propriétés sont suffisamment respectées par
l'indigent ou le malfaiteur, les forêts sont
en proie au maraudage, et, dans beaucoup de contrées, des populations entières,

animées d'un déplorable esprit de destruction, se portent contre elles à des dévastations incessantes.

Cette indulgence en matière forestière produit une démoralisation qui tend à rompre le lien social; des populations entières, renonçant à vivre d'un travail honnête, préfèrent subvenir à leur existence par le pillage des bois et le vol organisé. Les dispositions du Code forestier ne sauraient en effet les effrayer. A l'exception d'un seul cas, qui ne se présente que rarement, ce Code ne prescrit jamais directement la peine de l'emprisonnement. L'incarcération n'atteint que les délinquants dont l'insolvabilité est constatée, et qui ne peuvent par conséquent acquitter les condamnations pécuniaires prononcées contre eux par les tribunaux correctionnels; mais combien ne

faut-il pas de temps pour que cette insolvabilité soit constatée? Jusque là les délinquants continuent leurs dévastations ; le
jour de l'emprisonnement arrive, mais cet
emprisonnement est de courte durée, il ne
punit qu'un seul des délits innombrables
dont ils se sont rendus coupables, et cette
modération de la loi, qui leur laisse tous
les bénéfices du vol, ne fait que les en-
hardir dans leurs penchants au pillage et à
la destruction.

Le Code pénal punit de la réclusion tout
individu qui, pour la première fois, aura
enlevé des fruits dans un champ. Le même
Code prononce un emprisonnement de six
jours à six mois, sans que la totalité puisse
excéder cinq ans, pour *chaque arbre* qui
aura été *abattu en dehors du terrain forestier.* Cependant qu'un délinquant s'empare

d'un chêne auquel il aura fallu deux siècles pour devenir propre aux emplois les
plus utiles, qu'il scie le plus haut et le plus
vieux sapin des montagnes , la loi forestière, par une inconséquence déplorable,
ne prononce pas d'emprisonnement et se
borne à lui infliger une condamnation pé-
cuniaire. Les dispositions de ce Code, art.
213, ne sont-elles pas d'ailleurs une sorte
d'encouragement à commettre les plus graves délits ? *Quelle que soit la quotité* des
condamnations, y est-il dit, la détention ne
durera que deux mois. Ainsi la durée de la
contrainte étant toujours la même quand
les condamnations dépassent le chiffre de
cinquante francs, le maraudeur s'attaquera
de préférence aux arbres ayant la plus
grande valeur, ou organisera le pillage sur
la plus grande échelle.

Pour éviter les frais de justice résultant des assignations et des citations à remettre aux délinquants, on a prescrit de ne donner aucune suite aux nombreux procès-verbaux dressés contre des individus déjà condamnés ou dont l'insolvabilité est constatée. N'est-ce pas accorder un encouragement aux maraudeurs de profession, qui savent qu'après avoir supporté une condamnation ils n'en subiront plus, quels que soient le nombre et l'importance de leurs méfaits ? Enfin n'est-il pas dérisoire de voir le propriétaire contraint de se porter partie civile contre un voleur qui ne peut restituer, ni payer le dommage, ni subir de condamnation efficace, chaque fois qu'il sera attaqué dans sa propriété, c'est-à-dire dans ce qui sert de base à la société, unie avec la loi par un principe fondamental ? Il y a plus, avant 1830 les forêts n'étaient pas comprises dans

les rôles spéciaux des impositions foncières
établies pour pourvoir aux salaires des gardes champêtres. La loi du 21 avril 1832 a
détruit cette exception. Ainsi qu'autrefois,
cependant, les gardes champêtres ne sur-
veillent pas les forêts particulières; l'action
du gouvernement ne se manifeste, dit M.
Grandvaux, que sur la plaque de ses agents.
La loi a donc commis une injustice en frappant des charges d'un impôt de protection
des valeurs qui n'en obtiennent pas.

Pourquoi cette indifférence et cette exception pour la propriété forestière ? Le bois
n'est-il pas un objet de première nécessité
comme le blé ? Est-ce parce qu'il représente
un capital plus considérable dans l'accumulation du temps écoulé pour son développement ? Mais cela devrait militer en sa
faveur. Est-ce enfin parce que la plus gran-

de partie de la propriété forestière se trouve domaniale, communale, ou entre les mains de grands possesseurs ? Nous croyons que là sont les causes de cette inégalité qui ne tend à rien moins qu'à la ruine du pays. On respecte peu en France la chose publique, qu'elle revête les noms de gouvernement, de propriété ou d'impôts. La tolérance fàcheuse de l'opinion envers ceux qui attaquent cette chose s'est propagée jusque dans l'action de la justice. Ce n'est pas sans résultat qu'on a remué durant des années de mauvaises passions et semé des doctrines subversives en sapant la propriété. Le morcellement par la loi combat incessamment contre elle ; les prescriptions du gouvernement arrêtent la répression ; puis le propriétaire, frappé par un impôt hors de proportion avec les produits forestiers, laissé sans défense contre les attaques incessantes de l'agriculture et du maraudage, ne cherche plus maintenant qu'une jouissance annuelle, sans prévision, sans développement, et sans ces économies qui enrichissent la France — et dont nous avons déjà profité.

Cet état de choses ne saurait durer; il appelle l'attention du pays et celle des hommes qu'il a choisis pour assurer sa prospérité.

CHAPITRE III.

Action du déboisement. Propositions diverses. Discussion. Reboisement. Sécheries de l'Etat. La Corse, l'Aude, l'Isère. Impossibilité dans les conditions indiquées. Résumé.

Depuis long-temps les graves conséquences du déboisement des pentes et des montagnes se font sentir. La loi de 1791, en abolissant les restrictions mises antérieurement à l'exercice du droit de pro-

priété sur les forêts, amena la dénudation
de presque toutes celles qui couvraient nos
bassins. En 1834, 1835, 1836, la Chambre des députés s'occupa de cette situation,
sans lui donner de solution définitive. Un
arrêté de M. le ministre des travaux publics
du 29 avril 1842 avait constaté « le retour
» en quelque sorte périodique d'inondations
» désastreuses qui ne se reproduisaient ja-
» dis qu'à de longs intervalles ». Mais cette
préoccupation de quelques esprits ; les per-
tes énormes des départements du midi en
1840, qui furent évaluées à 71,772,704
francs ; celles du département du Gard
en 1841, d'environ 11 millions ; les ra-
vages causés par la Loire en 1846, plus
considérables encore, ne suffirent pas pour
engager les mandataires du pays à préférer
ses intérêts réels aux discussions d'une
politique oiseuse.

Lorsque arriva en 1848 la révolution de février, la question du reboisement des montagnes était à l'étude dans l'administration forestière. Tout le monde était d'accord sur l'utilité de cette vaste entreprise, mais on différait sur les moyens de la réaliser. Il s'agissait de faire concorder le reboisement avec les exigences de la misère des habitants des montagnes dont les droits de vaine pâture constituaient la principale ressource. Il fallait concilier la question financière avec la question de reboisement. M. Dufournel, représentant du peuple, crut avoir tranché ces difficultés en déposant sur le bureau de l'Assemblée de 1848 tout un projet de loi sur cette matière. Ce projet fut discuté. MM. Trouvé-Chauvel et Maissiat en démontrèrent les impossibilités. Il fut rejeté. Mais comme il s'agit de la dernière tentative faite en faveur du reboisement, malgré sa malheureuse issue nous croyons utile de reproduire ici ses dispositions principales et d'examiner pourquoi cette proposition était inexécutable.

En ne s'égarant pas dans ces voies douteuses on marche vers le but où doivent tendre tous les efforts des personnes qui s'occupent de cette grave matière.

M. Dufournel demandait donc :

1° Qu'il fût établi un terrier comprenant les forêts actuellement existantes, les terrains couverts de bois broutés ou en broussailles, susceptibles de se reboiser par le seul effet de la crue spontanée ;

2° Les plantations nouvelles.

Chaque année, la loi des finances devait déterminer :

1° Le nombre d'hectares à reboiser dans chaque département ;

2° Le nombre d'hectares à défricher;

3° La taxe à payer par chaque hectare défriché ;

4° La somme accordée à titre de subvention , par hectare reboisé.

Comme on le voit, la proposition était complexe; elle comprenait le reboisement et le déboisement.

Le ministre des finances devait être autorisé à aliéner les forêts en bon sol, ainsi que les terrains incultes et infertiles de l'état, des communes et des établissements publics.

Le produit de la vente des terrains domaniaux, de la taxe perçue sur les défrichements, serait employé au paiement des indemnités accordées pour le reboisement.

Elle serait uniforme pour toute la France, sans distinction d'essence ni de sol. On l'accorderait à l'expiration de la cinquième année du semis ou de la plantation.

Les terrains reboisés jouiraient pendant vingt ans de l'affranchissement des impôts, et les bestiaux ne pourraient y être introduits pendant le même laps de temps.

Les cimetières abandonnés seraient convertis en bois.

Enfin on affecterait aux besoins de la marine 200,000 hectares de forêts, pris dans les bois *de l'État, des communes et des établissements publics*, les plus propres à cette destination.

Telles étaient les principales dispositions du projet de loi déposé par M. Dufournel, mélange d'indications utiles et de propositions malheureuses qui devaient le frapper de mort dès sa naissance. Sans doute donner à chaque partie du sol de la France la destination qui lui convient le mieux était une excellente mesure, si elle n'avait pas entraîné avec elle une destruction certaine, sans autre compensation qu'une expectative de produits fort inférieurs. Mais, après tout, le bois de chauffage n'est pas le produit le plus important des forêts. Celui dont l'absence nous menace le plus, ce que nous devons conserver, améliorer, accroître, ce sont les futaies, les bois qui donnent à la marine, aux constructions importantes, des matériaux que le fer ne pourra jamais entièrement remplacer. Or, ces produits, c'est précisément dans les sols de première qualité qu'ils s'élèvent, c'est par de grands sacrifices, par l'accumulation de l'âge de plusieurs générations, qu'ils profitent à la société; y toucher était porter un coup funeste, irréparable même, à la fortune forestière du pays, qui aurait ainsi payé les reboisements bien au dessus de leur valeur.

Le législateur n'a-t-il pas, dans le Code forestier, déclaré que « les aménagements » seront réglés principalement dans l'inté- » rêt des produits en matière et de l'éduca- » tion des futaies » ?

En modifiant profondément cette disposition par la faculté accordée au ministre des finances d'aliéner 200,000 hectares de forêts nationales, on aurait eu, pour un terrain à défricher, une quantité de bois considérable et de qualité précieuse à jeter sur les marchés. Si le bois d'ouvrage avait été offert à vil prix, celui de chauffage aurait relativement obtenu une augmentation dans sa valeur. On changeait ainsi leurs rapports, qui sont dans les proportions de 44 à 8, et le trésor subissait immédiatement une réduction dans cette branche de ses produits, qui tournait au profit des particuliers et des consommateurs quotidiens La marine et l'industrie paient déjà à l'étranger 60 millions (Maissiat) pour leur consommation annuelle. Autoriser le pays à prendre sa fourniture dans les bois qui en sont affranchis n'était pas un moyen de liquider cette charge, c'était seulement en grever les futaies qui en sont exonérées, et, en les défrichant, elles devaient encore moins l'acquitter, puisque dès le début on les frappait de mort.

On coupait dans la réserve, on consumait la caisse d'épargne, les bois de construction, formant notre véritable richesse forestière; tandis que les taillis n'étaient, dans cette question, que le côté purement fiscal.

Quant au reboisement des terrains incultes ou infertiles, la proposition, bonne par elle-même, présentait dans le mode d'exécution libellé par M. Dufournel des difficultés réelles. Il était presque impossible *a priori*, surtout à l'exclusion, ainsi qu'il le voulait, des agents forestiers, d'appliquer ces tentatives à des terrains qui y fussent propres, et d'y approprier les essences qui pouvaient leur mieux convenir; le pays, d'ailleurs, aurait manqué alors comme aujourd'hui de graines ou de plantes pour entre-

prendre immédiatement cet immense travail.

Il n'existe en effet chez nous que trois sécheries de l'Etat pour la préparation des
graines résineuses : Fontainebleau, Barce-
lonnette et Haguenau. Ces trois sécheries
ne donnent guère, en somme, annuellement et moyennement, que 8,000 kilogr.
environ de graines (M. Maissiat).

Pour ensemencer un hectare il en faut au
moins, suivant les terrains et leur préparation, de 10 à 20 kilogr. Le produit des
sécheries ne nous donnerait donc pas la
possibilité de couvrir plus de 500 hectares.
Lors même que le commerce en produirait
autant, nous ne pourrions espérer de reboiser en essence résineuse plus d'un millier
d'hectares chaque année.

Les graines de chêne ou de hêtre ne se présentent pas tous les ans avec des qualités germinatives et en quantités égales. Le terrain devant être préparé à l'avance, et ces graines étant d'une conservation difficile, il en résulte que le reboisement en essences feuillues offre des difficultés qui rendent arbitraire l'appréciation de ce qu'on peut en espérer. En 1849, l'administration forestière avait fait défricher 1700 hectares de terrains à reboiser : c'est avec peine qu'elle a pu se procurer les graines de chêne et de hêtre que le commerce a dû lui fournir.

Quant aux plants, il est raisonnable de supposer que le nombre disponible chaque année ne dépasse pas la mesure des besoins, et ce nombre ne saurait être considérable, la dépense étant assez grande, dans ce mode de procéder, pour arrêter la plupart des sylviculteurs.

Suivant M. Maissiat, que nous avons volontiers suivi dans sa discussion sur la proposition Dufournel, la somme des reboisements en France revêt chaque année une surface de terrain dénudée qui équivaut à 15,000 hectares.

M. Dufournel proposait d'en reboiser 500,000 hectares en six mois. Il y avait donc impossibilité matérielle dans l'exécution de cette proposition, qui devait échouer, malgré le sentiment généralement compris de l'utilité des mesures à prendre.

A côté de ces difficultés, que le savoir et le raisonnement se chargeaient de démontrer, l'expérience venait à son tour en faire surgir de nouvelles. Nous avons déjà dit quelques mots, dans le second chapitre de cet ouvrage, de la grave influence qu'exercent sur le produit final des bois les moyens de transport. Lorsqu'il se serait agi de l'enlèvement des bois de service aliénés par l'Etat, on aurait pu apprécier combien est insuffisante la viabilité de ces forêts. Dans l'*Aude*, dans la *Corse*, cette viabilité incomplète, parfois impossible, annule le revenu qu'on pourrait en tirer. Dans le bassin de l'Isère, les bois qui approvisionnent Grenoble se paient moins de 1 fr. le stère sur pied, et il se vend de 14 à 16 fr. lorsqu'il est parvenu en ville. Ces énormes différences viennent de la situation ou de l'absence de chemins aux portes des villes ; aux abords des rivières et des canaux, les frais de transport n'absorbent pas dix fois la valeur intrinsèque du produit. M. Dufournel ne

pouvait donc espérer de reboisement dans
des conditions de localité qui sont presque toujours destructives de cette opération.

En résumé on demandait au pays plus
d'un dixième du sol forestier (1).

Ces terrains de première qualité rapportent du bois de feu et du bois de service.
En supposant que le produit fût de moitié
pour chaque sorte, et en évaluant ce produit à 44 fr. pour l'un et 8 fr. pour l'autre,
on obtient un ensemble moyen de 27 fr. ;
mais pour toute la France la moyenne étant
de 13, il fallait calculer le rapport dans la
proportion de 27/13, ce qui, tout compte
fait, établissait une demande de 13 mil-

(1) *Annales forest.*

lions environ sur un produit de 38 millions donné par les bois domaniaux, plus 62,500,000 fr. à payer pour les primes à accorder aux 500,000 hectares de reboisement, à raison de 125 fr. par hectare.

Il fallait ensuite prévoir les exigences de la marine et de l'industrie.

Et puis admettre l'expectative de n'avoir fait qu'un travail incomplet, les terrains à reboiser en France étant, d'après les statistiques, de plus de 1,200,000 hectares.

CHAPITRE IV.

—

Coup d'œil sur les travaux accomplis par les particuliers. Département du Centre, la Sologne, la Touraine, le Maine, etc. Exploitation. Produits. Ecoulements. Etc.

Nous venons de fixer nos regards sur l'ensemble général des faits. Nous avons constaté en passant le mal, l'insuffisance des moyens proposés pour y remédier. Essoyons maintenant de voir jusqu'à quel

point, en l'absence du concours de l'administration , les particuliers sont parvenus à
rendre productives les terres incultes ou infertiles en leur possession, et à créer des richesses qui ne pourront que s'accroître avec
le temps. — Pour restreindre notre travail , nous ne nous occuperons que de
quelques départements du centre, et particulièrement de la Sologne, qu'une volonté
puissante et éclairée cherche à remettre au
niveau des contrées les plus riches et les
plus heureuses de la France.

On a posé la question de savoir si on par-
viendrait à faire pour les arbres forestiers
quelque chose d'analogue à ce qui a été fait
pour une foule de plantes utiles à l'homme,
et si les bois semés et cultivés par lui sup-
pléeraient un jour à l'influence de nos vieil-
les forêts (M. Noirot).

La réponse n'est pas douteuse, suivant nous, si les travaux sont exécutés avec ensemble, sur de larges bases, et s'ils reçoivent les encouragements nécessaires et la protection auxquels ils ont droit. Mais jusqu'au moment où ces mesures seront prises, il est oiseux d'ouvrir une discussion sans objet, et les faits accomplis par les particuliers, dans les conditions actuelles, qui sont loin d'être avantageuses, répondront mieux à cette question que tous les arguments théoriques possibles.

Dans la Champagne, la Sologne, la Touraine, le Maine, des plantations nombreuses ont été accomplies presque sans frais, soit sur labour, soit par essartage en planches, par mélanges avec des graines céréales, ou tout simplement enfin à semences perdues jetées sur des terrains incultes après l'enlèvement de la bruyère, du genêt, ou de l'ajonc épineux. L'essence préférée a été celle du pin maritime, dont la graine, plus commune et à plus bas prix, a été mêlée parfois à celle du pin silvestre, et à quelques autres essences feuillues, telles que le chêne, le hêtre, le châtaignier et le bouleau. Dès les premières années, ces semis ont produit un éclaircissage qui a couvert en grande partie les frais. Ils ont été en augmentant d'année en année, jusqu'au jour où les propriétaires ont profité, par une coupe absolue, de la valeur totale des bois semés et de leurs terrains régénérés, lorsqu'ils n'ont pas préféré conserver des futaies pour les livrer plus tard au gemage et à une exploitation industrielle.

Cette petite culture forestière, dit M. Noirot, est destinée à rendre dans un espace égal un produit plus considérable que celui des grandes forêts. Celles-ci ne donnent que la rente ordinaire du sol cultivé ; les bois plantés rendront, outre cette rente, le salaire de tous les travaux de semis, de plantation, de labour, d'élagage. Cette différence est fondée sur la force productive des terres de dernière qualité, qui ne rapportent pas les frais de culture en céréales, et qui produisent de beaux bois lorsque l'industrie humaine est parvenue, en couvrant le sol, à arrêter l'évaporation de l'humidité, aliment essentiel des végétaux.

Ajoutons que le sol de la France, divisé aujourd'hui entre trois millions de propriétaires, permettrait à chacun d'eux de cultiver en moyenne 20 ares de mauvaises terres. Ce serait un résultat de 600,000 hectares qui n'enlèverait à l'agriculture aucune de ses ressources, car ce n'est pas le sol qui manque à l'habitant des campagnes, mais les capitaux et l'engrais.

Nous reviendrons plus tard sur ce sujet ; voyons quelle a été la somme de produits donnés par les semis exécutés au centre de la France.

M. Martinet, propriétaire à la Martinière (Loir-et-Cher), a fait part à M. Brongniart, membre de l'Institut, des résultats suivants, obtenus sur une exploitation de quatre hectares de pins âgés de quinze ans ; résultat que l'on peut considérer comme à peu près définitif, puisque ce propriétaire n'a conservé que 136 pieds d'arbres par hectare ensemencé.

1ᵣ Eclaircie à huit ans, 6 cordes de bois

de charbon (18 stères) à 4 fr., frais déduits.   24   »

1,500 bourrées à 1 fr. 50, frais
déduits. 22 50
                                    ———
                                    46 50

2ᵉ Eclaircie à 10 ans, 8 cordes
(24 stères) à 4 fr. 50. .   36   »

600 bourrées à 2 fr.
(les frais étant moindres).   12   »
                               ———
                               48 »   48   »

3ᵉ Eclaircie à 12 ans, 15 cordes
(45 stères), à 4 fr. 50. .   67 50

600 bourrées à 2 fr. .   12   »
                          ———
                          79 50   79 50
                                  ———
        A reporter. . . .   174 00

Report. . . . 174 »

4ᵉ Exploitation définitive à 15 ans, sauf réserve de 136 pieds par hectare, et se composant de :

19 cordes bois de chauffage (4 stères 1/2 par corde, 85 stères 1/2), à 9 fr. . . . 171 »

500 bourrées à 2 fr. 10 »

        181 » 181 »

           355 »

Ce qui donne une moyenne de 25 fr. 60 c. par an, et, en tenant compte des intérêts, des sommes qui ne sont pas touchées annuellement, produit un revenu de plus de 22 fr. par hectare pour ces quinze années.

Aux environs de Vernon, près Neung (Loir-et-Cher), c'est-à-dire au centre de la Sologne, dans une localité qui manque de débouché, M. de Beaureceuil, dans des semis effectués sur une étendue d'environ mille hectares, est arrivé aux produits suivants :

1re Eclaircie sur une surface de 51 hectares faite entre 8 et 10 ans : 862 bourrées à 3 fr. le cent, moins 1 fr. 50 c. de frais d'exploitation, net 1 fr. 50 c.; et 14 cordes 1/3 de bois à charbon (environ 43 stères), à 5 fr. la corde, moins les frais de 1 fr. 75 c., soit 3 fr. 25 c. Total 59 fr. 40 c. par hectare, qui, reportés sur dix années, forment un revenu de 6 fr. par année, supérieur à celui de location des mêmes terres en culture, qui ne dépasse pas de 4 à 5 fr.

En introduisant dans ce calcul la déduc-

tion des intérêts annuels et des frais de plantation, la plus-value relative resterait encore à l'avantage de la culture forestière,
puisqu'on aurait un produit par hectare
d'environ 4 fr. 50 c.

A l'éclaircie suivante, faite trois ans
après, le résultat devient plus avantageux.
Dans le même semis de 51 hectares, elle a
produit par hectare 20 cordes de bois à
charbon, ou environ 60 stères, et 1100
bourrées, qui, à 3 fr. 50 c. la corde, frais
déduits, et à 1 fr. 50 c. par 100 de bourrées,
donnent 86 fr. 50 c., c'est-à-dire plus de
28 fr. par an pendant ces trois années. La
somme totale des produits des deux éclaircies s'élève à 146 fr., ou 11 fr. par an
durant les treize premières années, qui
sont, comme on le sait, les moins productives.

M. de Beaurecueil voit dans les années suivantes augmenter ce résultat ; pour une exploitation de 25 ans, il arrive au chiffre de 30 fr. en moyenne par année, sans compter 500 pieds de futaies environ restant par hectare sur taillis de chêne, venant de semis de gland mêlé aux semis d'essence résineuse.

Ailleurs (à la Ravinière), M. d'Assy, dans une exploitation de 6 hectares, établit l'accroissement des produits annuels, de 1807, époque des semis, à 1843, époque de la coupe à peu près définitive.

De 1807 à 1825, deux éclaircies d'essence résineuse produisent par hectare.   160   »
                                         ————
          A reporter. . . .   160 00

Report. . . . 160 »

En 1825, bois de corde. . .	167	»
De 1827 à 1842, éclaircies successives.	1,333	»
En 1843, coupe définitive. .	1,333	»
Réserve en 1843, estimée. .	267	»
Produit total en 36 ans. . .	3,260	»

Soit par année, 87 fr. 50 c.

Il est vrai que ces produits effectifs et non évalués sont à peu près exceptionnels ; mais ils témoignent du revenu très élevé que peuvent offrir dans les conditions les plus favorables les bois résineux de nouvelle création.

En Touraine, un certain nombre de pro-

priétaires ont recouvert par des semis d'essences résineuses des terres embarrassées de
bruyères, dont le produit était à peu près
nul. Cette culture s'est en général opérée
sur les plateaux, dans des sols silico-argileux, moins favorables que celui du Maine
et de la Sologne à la production des bois.
Quelques uns ont mêlé les graines du pin
maritime à celles du pin sylvestre, et y ont
ajouté du gland, des châtaignes ou de la
semence de bouleau ; mais le plus grand
nombre a reculé devant cette dépense, surtout devant les soins intelligents qu'exi-
geaient la préparation de la terre, le choix
des graines et les opérations différentes que
ces semis demandaient. On s'est contenté
de jeter sur un sol épuisé par des tentatives maladroites de culture céréale, des
graines de mauvaise nature, produites par
le chauffage au four et fournies en grande

partie par le département de la Sarthe. Le résultat a été médiocre, ainsi qu'on devait s'y attendre. Toutefois il existe, parmi les propriétaires riches et intelligents de cette contrée, de nombreuses et d'honorables exceptions. Presque tous les plateaux offrent maintenant les traces de repeuplement ou de semis, et dans un assez grand nombre de localités l'exploitation a commencé à donner des résultats que le consommateur et le propriétaire sont à même de pouvoir apprécier.

Depuis plus de vingt ans nous nous livrons à des travaux de sylviculture, nous avons eu à semer et à reboiser sur une étendue de près de 2,000 hectares, et dès à présent nous pouvons, par l'exploitation régulière que nous avons suivie, fournir notre part de renseignements dans un tra-

vail qui intéresse si vivement l'avenir de la
France.

Dans le département d'Indre-et-Loire, et
dans les parties de celui de la Vienne qui
lui sont limitrophes, le morcellement croissant de la propriété a rejeté forcément les
grandes exploitations rurales ou les bois de
quelque importance des vallées sur les
larges plateaux qui les séparent. Presque
tous les affluents de la Loire coulant dans
des terrains d'alluvion qu'ils ont charriés,
on comprend que les populations se sont
empressées d'en devenir propriétaires. Ces
terrains, d'une culture facile, convenaient
au morcellement, qui manque en général
d'instruments, d'engrais, et qui cumule
souvent plusieurs industries avec le travail
de la terre. La surélévation donnée par la
division aux terres des vallées a réagi sur

celle des plateaux, et il serait difficile aujourd'hui de rencontrer beaucoup de surfaces incultes qui permettent d'opérer le reboisement dans une proportion qui en valût la peine. C'est donc, en général, sur les plateaux que nous avons dû porter notre attention. Voici cependant le résultat définitif d'un semis d'environ 10 hectares de pins maritimes fait dans la vallée de la Creuse, en 1829, et exploité en 1851 et 1852, c'est-à-dire à l'âge de 22 ans :

1re Eclaircie à 7 ans, 7,135 bourrées à 6 fr. le cent, frais déduits. . .   427 50

Perches vendues pour vignes
et treillage, 2,000 à 5 c. l'une   100   »

2e Eclaircie à 10 ans, 1,250

A reporter. . . .   527 50

Report. . . .   527 50

bourrées à 16 fr. le cent, frais
déduits.   200   »

Perches, 3,000 à 5 c. . . .   150   »

3ᵉ Eclaircie à 12 ans, 11,200
bourrées à 20 fr. le cent. . . . 1,120   »

4ᵉ Eclaircie à 20 ans, 5,688
bourrées à 25 fr. le cent. . . . 1,422   »

1,414 perches.   486   »

Perches employées par le pro-
priétaire, estimées le même prix   90   »

5ᵉ Coupe définitive du tout,
vendue ou évaluée pour ce qu'il
reste au même prix. 4,400   »

Bois conservé en semis de

A reporter. . . . 8,395 50

Report. . . . 8,395 50

chêne, baliveaux épars, ou bois

employés à une écluse. . . . . 200 »

Total pour 22 ans. . . 8,595 50

Soit, pour 10 hect. 39 fr. 06 par année, sauf déduction des frais de semis, repiquage d'essences feuillues *restantes*, de l'impôt, et de l'intérêt composé du capital.

Ces mêmes terres se louent *en détail*, pour la culture des céréales, de 15 à 18 fr. l'hectare.

Les produits donnés par les plateaux ne sont pas sans doute aussi avantageux; cependant ils présentent un résultat de beaucoup supérieur à celui que l'agriculture pourrait amener. La valeur annuelle des essences feuillues dans le département d'Indre-et-Loire s'évalue en moyenne à 15 fr. par hectare, lorsque les coupes de taillis s'effectuent à 20 ans. Ce chiffre, à cause de l'aridité générale du sol, tend plutôt à diminuer qu'à augmenter, quand les coupes ont lieu à un âge plus avancé; mais les éclaircissages successifs des pins après leur sixième année de croissance, et en supposant qu'on les exploite en totalité à leur 20ᵉ année, produisent un chiffre égal à celui des taillis de chêne de qualités ordinaires. La valeur locative des terres de plateaux ne dépasse pas en général de 10 à 12 fr. par hectare.

Il faut d'ailleurs observer que ces terrains se couvrent difficilement d'essences feuillues, si elles ne sont pas abritées et protégées dès leur naissance par des semis plus hâtifs, qui se chargent d'étouffer l'ajonc et la bruyère dont ils sont empoisonnés. La coupe définitive opérée, nous avons obtenu un produit égal à celui que nous donnerait une taille de chêne, et de plus notre terrain est suffisamment peuplé de cette essence en baliveaux susceptibles d'être mis en taillis, ou d'être conservés concurremment avec ceux de culture résineuse dont un avenir peu éloigné ne fera qu'augmenter la valeur.

Nous avons acheté dans le département d'Indre-et-Loire des terrains silico-argileux en plateaux, aux prix de **25** à **50** francs l'hectare. A la dixième année d'un semis fait sans dépense, l'écobuage produisant une récolte en seigle qui couvre les frais, nous avons trouvé en moyenne 150 à 200 francs de produit net, et lorsque, au bout de 20 ans, ce résultat proportionnel nous a amené à un aménagement définitif, il nous est resté par hectare, sur nos terres autrefois incultes, de 1,000 à 1,200 pieds d'arbres ayant un diamètre de 16 à 18 centimètres, dont l'écoulement serait facile aux prix de 1 fr. 50 à 2 fr., le gémage non compris.

Dans la Sarthe, la culture des essences résineuses a reçu un développement plus important. Avec une population plus nombreuse et des débouchés que la Sologne ne possède pas encore, la réalisation des produits ne s'est pas fait attendre. On a semé avec abondance, on a récolté presque immédiatement. Cette situation, qui tend à se modifier, dans ce sens que les propriétaires comprendront l'avantage d'un aménagement définitif en taillis sous futaies, n'offrira que des résultats avantageux. Les éclaircies successives, revenant à des époques fort rapprochées, permettront de négliger, dans le calcul comparatif de ces produits avec les produits agricoles, la réduction provenant de l'escompte de sommes qui ne sont obtenues qu'après un laps de temps plus ou moins étendu.

De cette rapide appréciation des sapinières créées dans le centre de la France il résulte que dans ces différentes localités leur valeur est supérieure après quelques années à celle des terres arables de médiocre qualité, qui ne sont susceptibles ni d'irrigations faciles ni de marnage économique. Dans ces évaluations nous n'avons cherché à apprécier que la valeur des produits en bois jusqu'à 25 ou 30 ans. Arrivées à cet âge les sapinières doivent donner à leur propriétaire un nouvel avantage qui leur est à peu près inconnu. Le gémage, ou l'extraction de la résine découlant des incisions pratiquées sur le tronc des pins des Landes, fera pencher la balance en leur faveur, malgré l'avantage que présenterait, sous d'autres rapports, la culture d'essences forestières. En 1822 et 1824, un essai fait sur une vaste échelle dans la forêt de Fontainebleau a constaté d'une manière positive que les produits étaient aussi abondants et d'aussi bonne qualité que ceux des Landes. En 1840 il fut renouvelé dans la Sarthe, et dans la Sologne en 1847. Les produits recueillis alors n'ont laissé aucun doute sur les avantages de cette pratique, lorsqu'elle était appliquée à des arbres ayant au moins 20 ans et 70 centimètres de circonférence.

Lorsque après des éclaircies intelligentes et successives on est arrivé à conserver, convenablement espacés sur une surface d'un hectare, huit à neuf cents pieds d'arbre, chaque pied de sapin entaillé avec ménagement continuera de croître pendant vingt à vingt-cinq ans et produira en moyenne de 800 à 1200 grammes de résine brute, gemme et galipot, valant de 10 à 15 centimes, dont le produit est partagé entre l'ouvrier et le propriétaire. Si la moyenne est de 700 arbres par hectare et qn'ils fournissent chacun 800 grammes de résine, on obtiendra 560 kilogrammes, lesquels, à 13 fr. les cent kil., donnent une valeur brute de 72 fr. 80 cent., c'est-à-dire 36 fr. 40 pour le propriétaire. Mais il faut dire que, si dans les Landes et la Sarthe le partage a eu lieu jusqu'à présent par moitié, dans la Sologne le propriétaire n'a reçu que le tiers. Cette réduction, qui n'est que temporaire, s'est produite sous l'obligation de faire venir des ouvriers étrangers, de former des bûcherons, et par suite peut-être de l'exploitation d'arbres trop jeunes et trop petits, produisant moins et cependant donnant plus de travail aux différents ouvriers. En établissant toutefois le résultat au plus bas, c'est-à-dire au tiers, le propriétaire, au lieu de 35 fr. 40 cent., recevrait 24 fr., environ 5 cent. par année et par pied d'arbre, ou 35 fr. 21 par hectare. M. Dernaude cite une exploitation dans le Maine affermée au prix de 325 fr. pour 6,500 pins répartis sur environ 7 à 8 hectares. Dans un autre cas, 10 hectares ne portant que des arbres de 23 ans de petit diamètre ont produit, pour la part du propriétaire, 634 fr., soit 63 fr. par hectare. Il y a donc dans le résinage des pins, dit M. Brongniart, lorsque les éclaircies ont fourni tous leurs produits, cet immense avantage de donner un produit moyen égal, ou même supérieur dans quelques cas, à celui obtenu jusque alors, pendant que le bois continue à s'accroître et à gagner en qualité (1).

Enfin de 40 à 50 ans, lors de l'exploitation définitive d'une sapinière, d'après les mesures prises chez M. le comte de Tristan à l'Emérillon, les arbres doivent avoir, à un mètre de hauteur, de 1 mètre à 1 mètre 80 centimètres de circonférence. Leur nombre sera réduit généralement à 500 pieds par hectare. Ils pourront alors fournir un tiers ou un demi-mètre cube de bois, qui, suivant les localités, vaudrait de 4 à 10 francs

(1) Voir le chap. 6, *Du résinage*.

et produirait par hectare de 2,000 à 5,000 francs.

En résumé, en supposant dans la Sologne, le Maine ou la Touraine, que le prix des terrains soit de 200 francs par hectare,

Que les frais de semis s'élèvent, y compris la préparation des terres et le mélange des graines (celle du pin sylvestre étant beaucoup plus chère), à 30 francs,

Le capital consacré à l'établissement d'une sapinière serait de 230 francs par hectare.

Son produit moyen annuel, dans l'état actuel, variant de 20 à 40 francs, donnerait 30 francs par hectare, sans compter l'exploitation définitive, dont la valeur égale généralement la somme de tous les produits précédents.

Or la valeur moyenne de location des terres arables dans la Sarthe, le Loir-et-Cher, l'Indre-et-Loire et la Vienne, est loin de produire un chiffre aussi élevé, et le revenu en est soumis à des éventualités qui n'atteignent que fort rarement les cultures forestières.

CHAPITRE V.

—

**Conseils pratiques. Aphorismes. Essences rési-
neuses. Essences feuillues. Semis. Repiqua-
ges, etc.**

Avant toute espèce de tentative sur un sol qu'on veut consacrer à la culture fores-tière, il est utile : 1° de se rendre compte de sa nature, de sa profondeur, de sa consti-tution aux différentes époques de l'année et des pentes qui servent à l'écoulement des eaux ; 2° des travaux exécutés sur des

terrains analogues, des méthodes suivies,
des résultats obtenus ; 3° des essences con-
venant le mieux aux terrains à peupler ou
à semer ; enfin du mode d'aménagement
qu'on veut suivre et du but définitif qu'on
se propose.

Beaucoup de propriétaires, faute de
s'être livrés à cet examen sérieux, se sont
jetés dans des tentatives infructueuses sans
résultats utiles. Ils ont conclu de leur inex-
périence des impossibilités qui auraient été
facilement surmontées par de plus habiles,
et leur exemple a souvent frappé d'inertie
d'autres détenteurs du sol qui ont reculé
devant des essais qui leur semblaient in-
fructueux.

Nous n'avons pas la prétention de faire
un traité pratique de sylviculture ; d'ailleurs

des ouvrages écrits par des hommes habiles et expérimentés existent déjà sur cette matière. Nous nous bornerons à quelques observations qu'une longue pratique nous a suggérées. Nous nous estimerons heureux si ce travail a un peu d'utililité et engage des hommes d'intelligence et de loisir à nous suivre dans nos recherches.

Dans des terres offrant la possibilité égale de semer ou de planter, tout ce qui peut s'obtenir par semis ne doit pas être planté, à cause de l'énorme différence de frais.

On doit s'assurer de la qualité des graines, parce que, quelle que soit la préparation du terrain, la germination ne s'opère qu'en raison de cette qualité. Les graines d'essences résineuses conservant leurs ailes n'ont pas été passées au four.

Dans les semis mêlés d'essences feuillues et d'essences résineuses, l'opération doit être successive, à moins qu'il ne s'agisse du bouleau. Le chêne, le châtaignier et le hêtre demandent à être semés en premier, parce que leurs graines doivent recevoir un abri de terre plus considérable. Il suffit d'une forte gelée pour détruire la qualité germinative du gland.

Les semis d'essences résineuses sont à peu près les seuls qui réussissent sur des terrains non préparés et couverts par la bruyère, l'ajonc, le genêt, ou une couche épaisse et compacte de gazon non déchiré. Lorsque ces semis s'opèrent sur des plateaux, on doit rédouter l'action des eaux stagnantes. Dans les grandes déclivités du sol, il y a à craindre celles qui entraînent tous corps légers qui se rencontrent sur leur passage.

Les plantations en plants enracinés de trois, quatre et cinq ans, exigent toujours un terrain préparé, suffisamment ameubli et à l'abri de l'inondation des eaux. C'est au sylviculteur à juger s'il doit rabattre les tiges des jeunes plants lors de leur mise à demeure, ou s'il peut leur laisser quelques tire-sèves pour les faire partir.

Le mélange, soit par semis ou par repiquage, des essences feuillues de plusieurs espèces, de ces essences avec celles résineuses, assure la prospérité à venir des bois. Les propriétaires qui tiennent à élever sur un emplacement des taillis ou des futaies d'une seule espèce de végétaux travaillent à appauvrir leurs bois et à les détruire dans un temps donné.

Il y a peu de règles générales pour les premiers éclaircissages, comme pour les exploitations définitives. Ceci est une affaire d'intelligence, de calcul et de localité. A sept ans on peut commencer les éclaircies de pins, tandis qu'on ne doit les opérer sur les essences feuillues qu'autant qu'il y a utilité de récéper, pour donner dans les premières années plus de force de croissance aux racines.

Dans des exploitations en taillis, il n'y a pas grand avantage à mêler les espèces résineuses aux essences feuillues ; il n'en est pas de même lorsqu'il s'agit de réserves ou futaies : le produit et surtout

le sol profitent habituellement de ce mélange.

L'élagage des pins , des chênes et des
châtaigniers, a donné lieu à de nombreuses
discussions dont nous n'avons jamais compris l'utilité. Pour les pins l'élagage est nécessaire à chaque éclaircie , si on ne veut
pas sacrifier une portion du produit ; seulement plus l'arbre avance en âge, plus cet
élagage exige de soins. Lors des premières
années , la section des branches latérales
peut avoir lieu près du tronc ; dans un âge
plus avancé, elle amènerait une déperdition
de sève ou de résine qui épuiserait les arbres comme croissance ou au point de vue
futur du gémage.

Les essences feuillues ne réclament pas
ces précautions, qui tiennent à la nature des

arbres résineux. Les élagages rapprochés ont l'avantage, lorsqu'ils s'opèrent sur taillis pour des baliveaux de réserve, de donner de l'air, de redresser la tige, d'éviter les nœuds qui partent du cœur de l'arbre, et, en coupant le long du tronc, de voir la plaie se couvrir rapidement de l'écorce. Le châtaignier souffre à ce sujet des exceptions.

Quelques hommes pratiques ont publié des observations sur la végétation en terre des racines des pins après leur abatage. Ce fait, qui ne se reproduit pas dans tous les terrains et à toutes les époques de l'âge de ces bois, ne saurait cependant souffrir de négation absolue. Il est préférable, lors de l'exploitation définitive, de procéder par arrachage dans les terres légères ou d'alluvion ; mais dans les sols argileux, le pro-

duit en bois ne couvre pas les frais de l'o-
pération, qui devient toutefois indispensable
si ces mêmes terrains sont destinés à être
repeuplés dans un délai rapproché.

L'eau est le plus grand ennemi des souches, qu'elle fait pourrir par les racines.
Ensuite vient le pacage, qui coupe la tige,
l'abroutit et finit par la détruire.

Nous avons semé, dans le centre de la
France, des pins de plusieurs manières :

1° Après un *écobuage* de terre couverte
de bruyère, avec du seigle et de l'avoine,
dont on doit laisser portion du chaume ad-
hérent au sol.

Cette méthode oblige à des frais d'écobuage et de culture qui sont couverts en

général par le produit de la récolte en céréales ; elle a l'avantage de permettre des semis plus épais , et d'assurer l'existence des jeunes tiges dans les premières années.

2° A la volée, sur essartage ou labours nouvellement faits.

3° Par planches de 1 mètre de largeur, en laissant entre chacune d'elles un rayon de 1 mètre de largeur, en friche ou en bruyère.

4° Sur fossés plats, dans des terrains sans écoulement , en ménageant une déclivité à ces fossés à partir du centre de l'opération.

5° Enfin à graines perdues sur le gazon,

sans autre préparation que de faire enlever, après ces semailles, la bruyère et les autres sous-arbrisseaux qui garnissaient le sol.

La seconde opération a ici pour but d'amener la graine jusqu'à la terre végétale et de la fouler suffisamment pour qu'elle puisse y puiser sa nourriture.

Ces moyens différents ont réussi, non sans essais et sans mécomptes ; mais l'expérience nous a renseigné sur l'emploi que nous devions en faire, suivant les terrains où nous avions à les appliquer.

Ainsi, dans des terres sèches et siliceuses, lorsqu'on a à redouter pour les semis les chaleurs de l'été, le seigle ou l'avoine, quelques graines de trèfle ou de sain-foin, présentent un abri favorable à leur développement, qui les protége durant plusieurs années.

Par bandes ou sur fossés plats le travail permet d'écouler les eaux, et cette opération convient par conséquent dans des terres argileuses, qui retiennent long-temps les eaux pluviales et deviennent d'une extrême aridité pendant les chaleurs.

Avec les semis sur gazon il faut employer le double de semence.

Voici maintenant les évaluations des frais qu'entraînent ces différentes manières d'opérer dans les départements du centre de la France.

1° Bruyères défrichées par labour plein.

	Sologne.	Maine.	Touraine.
Frais de labour et semis.	12 »	18 »	25 »
20 kilog. de graine . . .	8 »	6 »	8 »
	20 »	24 »	33 »

2° Sur bruyères en bandes labourées :

	Sologne.	Maine.	Touraine.
Labour et semis.	6 »	10 »	15 »
Graine de pin maritime.	8 »	6 »	8 »
	14 »	16 »	23 »

Sur bruyères sans préparation du sol :

Graine de pin maritime, 30 kil.... 12 fr.

C'est surtout dans cette dernière manière
d'opérer qu'il est important de se procurer

de bonne semence. La graine ailée ne saurait convenir, et si elle n'a pas été récoltée l'année précédente, elle sera plusieurs années à lever, par conséquent on en perdra beaucoup, tandis qu'avec celle de la dernière récolte, après un mois les graines commencent à s'ouvrir et les tiges à sortir hors de terre.

Quelques propriétaires recommandent de mêler dans les semis les essences suivantes :

Pin maritime.	30 kil.
Pin sylvestre.	8
Pin laricio.	8
Total par hectare.	46 kil.

Nous croyons que la cherté seule de la graine de pin sylvestre s'est opposée jusqu'ici à ce qu'elle entrât dans une proportion plus forte dans ce mélange, qui généralement offre de bons résultats.

Mais nous répétons de nouveau que l'avenir de ces semis dépend principalement des premières éclaircies et de celles qui doivent suivre. Pour les terres qui ont reçu la semence après labour, l'opération doit commencer à avoir lieu dès que les pins sont parvenus à leur septième année. M. Chevandier a constaté par des expériences récentes que, lorsque ce travail ne produisait aucun bénéfice, il y avait encore profit à en incinérer les résultats et que ces cendres donnaient aux jeunes semis une grande vigueur.

Les semis d'essences feuillues varient suivant l'espèce de graines employée. Pour le hêtre, il faut par hectare 3 hectolitres 23 litres de faîne, si l'on sème par bandes, et environ 10 faînes par 10 décimètres carrés lorsqu'on veut couvrir un terrain. La graine doit être recouverte de 30 à 40 millimètres de terre. Cette mesure se modifie cependant suivant les pays et suivant les terrains. Les jeunes plants de hêtre redoutent autant la gelée que le soleil, et nous avouons, en ce qui nous concerne, avoir abandonné cette essence dans les repeuplements que nous avons pratiqués, par suite de l'incertitude où nous laissait la difficulté de réussir.

Il n'en est pas de même du charme ou du bouleau. Le premier de ces arbres réussit parfaitement dans les terrains bas et glaiseux, tandis que le bouleau peut être semé, comme à Compiègne, dans des terres fortes, ou à Étampes, dans des terres sablonneuses et légères. En mêlant le charme au chêne et aux pins, il ne domine pas ces essences et il fournit d'excellents produits intermédiaires. Ses graines abondantes sont fournies ailées ou désailées par le commerce, à des prix peu élevés; deux à trois hectolitres suffisent par hectare lorsque cette essence ne doit pas recouvrir seule le terrain à reboiser. En opérant au printemps les semis lèveront plustôt, et si l'année n'est pas trop brûlante on aura plus de chance de réussir. C'est à peine d'ailleurs si ces graines doivent être recouvertes de 8 ou 10 centimètres de terre meuble et que la herse aura convenablement préparée.

La grande difficulté, quant au bouleau, est de se procurer de la graine qui ne soit pas échauffée et qui date de la dernière récolte. Après deux années cette graine a perdu sa qualité germinative; il convient donc de l'employer dans l'automne et aussitôt après qu'elle a été récoltée. Le bouleau, comme nous l'avons dit plus haut, réussit dans tous les terrains; seulement, lorsqu'il est traité en taillis, sa vie n'est pas de longue durée et les souches s'épuisent plus rapidement que celles des autres essences feuillues. On le sème à la volée sur la terre et on le recouvre à peine en passant une herse légère ou un fagot d'épines sur le labour. Le passage d'un nombreux troupeau de moutons sur des terrains qui viennent d'être emblavés suffit pour le couvrir. La quantité à employer varie entre 6 à 7 hectolitres. Nous avons vu mêler cette graine avec de la cendre au moment de la jeter à la volée sur la terre, et nous n'avons pu nous expliquer le mérite de ce procédé.

Ajoutons que l'écorce de cet arbre remplace dans quelques pays et particulièrement dans le Nord celle du chêne pour la tannerie. Le bouleau d'ailleurs est peut-être l'arbre qui réussit le mieux dans les contrées les plus froides. Linnée fait mention du bouleau nain, *betula nana,* qui se plaît sur les montagnes les plus hautes et les plus arides de la Laponie. C'est le dernier que l'on rencontre vers le pôle arctique, le seul que produise le Groënland. Lorsque arrive la fin de l'hiver cet arbre est rempli de sève, et Van-Helmont a fait à ce sujet une remarque assez curieuse : l'incision pratiquée près de la racine donnera une eau pure et insipide ; au contraire si on perce jusqu'au milieu une branche de 7 à 8 cent., il en découle une liqueur légèrement acide, quoique sucrée, agréable et piquante, qui devient vineuse par la fermentation et peut se conserver bouchée comme les meilleurs vins blancs. Chaque branche ainsi incisée peut donner, avant le développement des feuilles, un ou deux litres de sève, dont les bergers de quelques pays apprécient fort la qualité. On sait que le *betula julifera* de Duhamel produit une petite quantité de sucre, *sugar birch* ou *black birch* des Anglais.

Nous devons vivement regretter que le châtaignier, *fagus castanea*, ait à peu près disparu de ces forêts. Les registres de l'hôtel de ville d'Orléans affirment qu'on a vu la forêt qui porte ce nom changer alternative-met de nature de bois, avoir été pendant un laps de temps en chênes, puis en châtai-gniers, et redevenir ensuite forêt de chêne. Il est certain qu'autrefois les charpentes de beaucoup de nos monuments publics étaient construites avec ce bois, dont les qualités sont supérieures à celles du chêne. Avec des pores plus serrés et plus de souplesse que ce dernier, il possède une dureté égale et il s'altère bien moins rapidement. Sa culture actuelle en taillis a pour objet de fournir des cercles pour les pays vinicoles ; mais l'éducation des futaies qui fournirait ces pays de douelles à barriques leur serait beaucoup plus profitable. On a reconnu depuis long-temps que ce bois convenait au perfectionnement des vins. La fermentation s'y opère plus lentement ; la partie spiritueuse s'y évapore moins que dans les fûts de chêne, avantage dont profiteraient les contrées trop nombreuses où le vin est vert et léger d'alcool.

Dans des terrains d'une extrême aridité, nous avons réussi, après avoir vainement essayé les semis de chêne et de bouleau, à les couvrir de taillis de châtaignier pour le repiquage de vieux plants pris dans des débris de pépinières. Ces plants rabougris et mal venants portaient environ **8** centimètres de diamètre; placés dans des fosses de **1** mètre en tous sens, recouverts par la pelure de la terre végétale enlevée aux alentours, c'est à peine si la première année ils ont donné quelques feuilles. Un premier recépage fait à quelques centimètres du sol a développé l'année suivante une végétation plus sensible. Enfin au troisième recépage, c'est-à-dire la cinquième année après la plantation, les jets sont partis avec vigueur et leur croissance a marché comme si le plan eût appartenu à des terres ordinaires, où le châtaignier mêlé au chêne et au bouleau étouffe ces essences en les dépassant et en les privant d'air.

Concluons des observations que nous venons de faire qu'il y a généralement avantage, surtout pour les futaies, à peupler les terres qu'on veut consacrer à la production des bois d'essences mélangées , en observant cependant :

1° De rejeter celles qui ne conviendraient pas à la nature du terrain.

2° De réunir celles dont la croissance est à peu près la même et qui ne tendent pas à s'étouffer réciproquement.

3° Et enfin de mêler celles dont les racines, atteignant à des profondeurs différentes, puisent par conséquent dans le sol à des sources qui ne sont pas les mêmes, l'orme, le chêne et le charme, le chêne, le bouleau, le pin silvestre ou le pin maritime, dont les pivots pénètrent profondément dans la terre, et dont les feuilles donnent un engrais d'une nature différente et d'une fécondité égale à celui fourni par les essences feuillues.

Nous ne saurions encore rien dire de l'avenir réservé au pin noir d'Autriche ; nos expériences sur ce conifère sont trop récentes ; renvoyons le lecteur à une excellente notice publiée sur le pin d'Autriche, par un habile silviculteur, M. le marquis de Vibraye.

CHAPITRE VI.

—

**Résinage du pin maritime. Produits différents
à tirer des conifères.**

C'est surtout dans le sud de la France,
aux environs de Bayonne, que le pin maritime se trouve le plus répandu ; il prend
dans les sables des dunes, malgré leur in-
fertilité, des proportions supérieures à cel-

les qu'il obtient dans des terres plus fécondes, mais moins favorables à son développement. Les résineurs de ces contrées dis-
tinguent le *pin maritime major* du *minor*,
qu'ils désignent sous le nom de *pin du
Maine*, sans doute parce que dans le département de la Sarthe l'espèce n'arrive pas
aux mêmes proportions qu'auprès de Mont-
de - Marsan et dans le bassin de la Gascogne.

L'ingénieur Brémontier a réussi le premier, vers 1787, à fixer les sables mou-
vants des dunes par des clayonnages, et
plus tard par des semis de pins maritimes.
Jusqu'au moment où l'industrie humaine
vint immobiliser la surface de ces déserts
de sable, le vent les poussait dans l'intérieur
des terres. Elles couvraient des prairies fertiles ; elles comblaient l'embouchure des

fleuves et les détournaient de leur lit. L'étang de Léon fut ainsi comblé, et l'église du village de Vielle disparut sous de nouvelles dunes formées par les orages.

Maintenant que le gouvernement et les particuliers se sont occupés avec persévérance des travaux de reboisement dans les plaines de la Gascogne, ces mouvements des sables sont contenus. Le pin maritime cependant ne commence à réussir qu'à quelques kilomètres de l'Océan. A un kilomètre de la mer, on le voit brûlé, rabougri, couché sur le sable, parvenant à peine à un mètre de hauteur; plus loin il commence à se développer et à se défendre par massifs contre la violence des vents de l'ouest. Ce n'est guère qu'à une lieue du littoral qu'il prend toute sa force et sa croissance; comme compensation d'ailleurs des luttes qu'il

a à soutenir, les résineurs reconnaissent
qu'il est plus riche en produits à cette distance que lorsqu'il est plus éloigné de la
mer.

Nous avons dit que l'âge le plus avantageux pour opérer le résinage des pins
sans nuire à leur valeur absolue, était de
vingt à vingt-cinq ans. Cet âge ne saurait
être fixé sans de nombreuses exceptions,
car il dépend des terrains et de l'aménagement donné aux arbres par les éclaircissages
successifs. En général, plus on attend et
mieux cela vaut pour la santé des arbres.
Dans les sapinières bien administrées comme
celles de l'état, on prescrit l'âge et la gros-
seur des sujets à résiner, et on introduit dans
le cahier des charges des clauses qui stipu-
lent le nombre et la dimension des entailles ,
du ravivage, etc. Dans la Gascogne, les ré-

sineurs se servent de cette locution : « Tout
» pin est bon à résiner, quand, en enroulant
» le bras droit autour du tronc, à hauteur
» d'homme, on aperçoit le bout des doigts
» de l'autre côté. » Le tronc doit donc avoir
environ 25 à 30 c. de diamètre, à 1 mètre
33 c. d'élévation.

Ce résinage commence en général vers le
15 février, pour se terminer le 15 novem-
bre. L'opération préalable consiste dans
l'enlèvement de la première écorce de manière à ne laisser sur l'aubier que les dernières couches, formant une surface unie,
convexe et jaunâtre. Voici le nom et le prix
des instruments employés dans le cours des
opérations successives.

Une pelle. . . . . 2 f.   c.
____
A reporter. . . . 2

5.

Report. . . .	2	
Une cognée.	6	
Une barrasquite.	2	
Une pousse.	2	50
Une abchotte.	7	
Total.	19 f. 50 c.	

Prix moyen qui peut être augmenté par le poids de la cognée et de l'abchotte, par un panier de résineur, ou sceau en liége cerclé en bois, avec anse, armé d'une barre de fer fixée au bord, pour aider à détacher la résine adhérente à la pelle, et pouvant contenir environ vingt litres.

L'écorçage a lieu avec la pelle, à hauteur d'homme, avec la cognée; à 3 mètres de hauteur avec la barrasquite, et enfin au dessus avec la pousse.

L'écorçage se fait sur une surface un peu plus longue et deux ou trois fois plus large que celle qui doit être entaillée dans l'année courante.

Cette opération présente des avantages qu'on ne saurait négliger sans nuire à la qualité de la résine et même du *barras* et nous la recommandons surtout dans les contrées du centre de la France où le résinage commence à s'opérer ; l'action de la chaleur atmosphérique devenant plus immédiate sur les vaisseaux résinifères, la secrétion de la résine en est sensiblement favorisée.

On creuse dans le sable, aux pieds des arbres, de petits augets ou réservoirs qu'on appelle *crots* dans les landes. Les bords en sont rehaussés avec de la mousse et des éclats d'écorce, qui prennent une consi-

stance suffisante dès qu'ils ont été impré-
gnés de résine. Ces crots servent ordinairement à trois entailles successives ; il y a celle
qui correspond directement au crot, et puis
les entailles latérales, au bas desquelles on
pratique une petite gouttière conduisant le
fluide dans le réservoir commun. Tout nouveau crot, on le comprend, occasionne une
perte considérable de matière résineuse ; on
a donc intérêt à en faire le moins possible. M.
Hugues, de Bordeaux, frappé de la quantité
de matière absorbée dans les *crots*, a songé
à y suppléer par des récipients mobiles qui,
en s'appliquant plus près de l'incision, évi-
tent l'effet désastreux de l'évaporation et
fournissent une matière pure de corps étrangers. On peut à ce sujet consulter les écrits
publiés par M. Hugues ; il y explique son
procédé : amélioration notable apportée à
cette industrie.

L'écorçage et les crots terminés, le résineur n'a plus à s'occuper que de la *carre* par les incisions ou *pique*.

C'est avec l'*abchotte* et dans les derniers jours de février que se font les incisions. Elles commencent au pied de l'arbre et se continuent en montant jusqu'à 3 et 4 mètres environ. C'est un segment, dit M. Boitel, dont l'arc est supérieur et sépare la carre de la partie non incisée; la corde est inférieure à une longueur de 12 à 13 centimètres; dimension qui est la même que la largeur de la carre.

A chaque pique ou incision, la carre monte de 1 à 2 centimètres, et on a soin en la pratiquant de prolonger les coups de l'abchotte sur les piques précédentes, de manière à raviver l'entaille sur une hauteur de 10 à 15 centimètres.

Plus la température est élevée, plus ces piques doivent être fréquentes ; dans le printemps et l'automne on pique tous les cinq jours ; en été tous les quatre ; en moyenne, deux fois par semaine.

Le nombre d'incisions qu'un résineur peut pratiquer (1) varie suivant la hauteur des carres ; les pins *abions*, portant une carre de première année, dispensent de l'échelle et sont plus vite expédiés. A l'état normal, les pins ne sont saignés que par une entaille, à moins qu'ils ne soient destinés à l'abattage. Les quatre faces princi-

(1) Boitel.

pales épuisées , on peut pratiquer des entailles successives sur les cannelures. La
durée d'une carre étant de quatre à cinq
ans, les quatre premières produisent de la
résine durant seize à vingt ans ; les cannelures dont nous venons de parler pouvant
fournir encore de la résine pendant un temps
égal, il en résulte qu'il y a des pins qui donnent de la gemme durant quarante à cinquante ans. Arrivé à l'âge de quatre-vingts
ans, l'arbre dépérit, le revenu devient à peu
près nul, et il convient de l'employer comme bois de feu ou comme bois d'ouvrage.

Le gemmage des pins présente des produits de différentes qualités portant des dé-
nominations particulières.

La résine qui suinte goutte à goutte et
qui était probablement de l'essence pure

de térébenthine avant d'avoir absorbé l'oxy-gène de l'air, prend une consistance qui augmente en proportion de son séjour dans les augets ou crots.

On appelle *barras* ou *galipot* celle qui se recueille sur l'entaille de l'arbre ; c'est un corps solide, blanc, d'un éclat vitreux et d'une adhérence visqueuse. Le barras s'accumule pendant neuf mois sur la carre sans qu'on le ramasse.

Il faut de mille à douze cents crots pour remplir une barrique de résine.

Le barras ne se mêle pas à la résine ; il est moins riche en essence ; il se vend séparément aux usines qui le distillent, ou aux fabriques de chandelles qui le mélangent avec le suif.

Un gemmier ramasse, en moyenne, trois quarts de barrique en une journée. Cette barrique contient 320 litres et pèse , net de fût, 350 kilogrammes.

Le rendement en essence d'une de ces bariques varie suivant la saison, la pureté de la matière , et, les procédés de fabrication.

La gemme qu'on recueille au printemps est celle qui est la plus riche en essence. Celle des vieux pins est plus généreuse que celle des jeunes sujets.

Les 350 kilogrammes donnent ordinairement en térébenthine de 50 à 60 kilogrammes.

En *brai sec*, de 200 à 230 kilos.

Il y a donc un déchet d'environ 60 à 100 kilos.

Les ateliers de distillation, qui auraient grand besoin de perfectionnement, n'entraînent dans leur construction qu'une faible dépense. Ils se composent de quelques légers bâtiments, ouverts de tous les côtés, de un ou deux fourneaux qui chauffent et de quelques chaudières en cuivre. Une grande cornue en fonte en suspension, baignée dans un conducteur, une pompe et une ou deux auges pour filtrer et recueillir la résine, composent tout le matériel de ces modestes usines. L'essence extraite est abandonnée à elle-même dans de grands vases de terre vernissés et fixés dans le sable à hauteur du sol. Un repos de **24** heures suffit pour la clarifier ; elle est alors livrée au commerce dans de doubles fûts, et l'eau qui entoure le fût intérieur empêche qu'elle ne diminue de volume par l'évaporation.

Quand la barrique de gemme vaut en moyenne 55 fr., l'essence se vend 1 fr. le kilo. Le prix du brai sec varie entre 4 fr. et 8 fr. les 50 kilos. Sa valeur dépend de sa pureté et de sa transparence.

Dans l'arrondissement de Dax, 5,000 pins rendent annuellement 12 barriques de gemme et 1,800 kilogrammes de barras ; mais ces arbres sont divisés en coupes dont les deux tiers sont résinés chaque année et dont le dernier tiers se repose.

Aux environs de Bayonne, 1,700 pins avec une seule carre ont produit 12 barriques de gemme du poids de 4,200 kilos, et 15 quintaux de barras ou 1,500 kilogrammes.

M. Hugues estime ainsi le produit de 1,200 pins ayant la plupart deux carres et munis de ses réservoirs.

6 barriques de gemme à 55 fr.
l'une. . . . . 330 fr. »
2 barriques de gemme à 50 fr.
l'une. . . . . 100 »
6 barriques de barras pesant
650 kilos à 36 fr. 05 c. . 216 30

Total. . . . 646 fr. 30

Les frais de résinage sont, aux environs de Bayonne, de 20 fr. par barrique de gemme; le résineur partage le barras par moitié avec le propriétaire.

En admettant qu'un hectare de pins contienne trois cents pieds rendant annuellement 2 barriques un quart de gemme au prix moyen de 55 fr. et 250 kilogrammes de barras à 14 fr. le quintal métrique, le produit brut de cet hectare en plein rapport serait :

1° Gemme, 2 barriques un quart. . . . . 113 fr. 75
2° 250 kilos de barras. . . . 35 „

Total. . . . 148 fr. 75

Déduisant les frais. 62 50

Reste en produit net. . . 76 fr. 25

Ce résultat ne saurait toutefois être considéré comme prix moyen. C'est le produit net en minimum. En 1847, et depuis, la commune de cap Breton et quelques autres communes des landes de Gascogne, ont affermé à raison de 25 cent. par pied d'arbre, c'est-à-dire de 47 à 68 fr. par hectare.

Ainsi par le résinage des pins on tire : 1° L'essence de térébenthine ; 2° le brai sec ou colophane ; 3° les pains de résine ; 4° la poix noire.

Avec les vieux troncs garnis d'anciennes carres, fendues en bûchettes et séchées au soleil, on fabrique, au moyen du four à la *suédoise* dont nous sommes redevables à Colbert, le goudron qui trouve son débouché dans les corderies de la marine.

En profitant des arbres brisés, tordus, malades ou morts, on convertit ces produits de nulle valeur en charbon se vendant de 1 fr. 50 c. à 2 fr. l'hectolitre.

Avec les restes de branches et de bois mutilés, on peut fabriquer le noir de fumée. La racine de cet arbre entre dans la confection des paniers de pêcheurs ; son écorce est une sorte de tan dans la solution duquel les marins imprègnent leurs filets ; ses cônes servent de combustible, ses feuilles d'engrais ; son bois sert encore à la charpente, au pilotis, au chauffage. Il est difficile en un mot de rencontrer un produit ligneux qui, dans un espace de temps aussi limité, présente au propriétaire des résultats aussi avantageux, aussi assurés par suite de leur variété et de leur facilité d'écoulement.

Jusqu'à présent, il est vrai, les landes de Gascogne semblent le seul pays où on ait su tirer un parti absolu du pin maritime. Le métier de résineur a besoin d'être appris dès l'enfance ; il est héréditaire dans les familles qui se déplacent difficilement, comme le cultivateur de la Beauce ou le berger de Flandre. Cependant la saison du gemmage produisant à peine 400 fr. malgré un travail très actif, il est facile, au moyen de quelques avantages et d'une augmentation de salaire, d'appeler les résineurs dans nos contrées du centre. Quelques propriétaires intelligents, comme notre ancien collègue au conseil général d'Indre et Loire, M. de Beaumont, ont commencé le gemmage de leurs forêts. S'il est permis de douter que le rendement en résine dans ces localités soit égal à celui des pins des landes, il n'y a point de doute d'un autre côté que nos pinières ne soient fournies d'arbres d'une plus belle venue et d'un avenir plus prolongé. Une application persévérante mettra seule les propriétaires à même de tirer tout le parti possible des essences résineuses, et, dans notre conviction, elles sont appelées à rendre de très grands services, tout en servant de transition à un reboisement plus rationnel et plus complet.

CHAPITRE VII.

De quelque manière que s'opère le reboisement en France, soit qu'il ait lieu par l'administration, ou que l'intérêt particulier l'entreprenne avec son concours, toujours est-il certain qu'aucune tentative ne s'ac-

complira sur une grande échelle si l'action
du gouvernement ne vient pas y mêler une
influence salutaire. Il avudrait mieux, sans
doute, voir le pays, pénétré de ses besoins à
venir, chercher dans les ressources de l'industrie les capitaux et la persévérance nécessaires à une pareille entreprise ; malheureusement en France nous sommes peu
susceptibles d'une pareille initiative. Et
cela ne tient pas seulement à ce que le
pouvoir est toujours attaqué, calomnié ;
cela tient encore à notre situation sociale,
qui entraîne les capitaux vers des spé-
culations d'une réalisation immédiate, au
grand détriment de l'agriculture et des
améliorations territoriales. Sans le mouvement donné par le pouvoir, sans son concours, nous ne savons rien accomplir. La
centralisation s'est emparée de ce que la
civilisation avait amené d'utiles associations

locales; la politique a paralysé l'action gouvernementale. Les communes sont trop pauvres, ou trop absorbées dans leurs intérêts urbains, pour porter leurs capitaux en dehors de leurs actions. Il ne reste plus que les départements qui puissent étendre leur initiative aux améliorations qui nous préoccupent. Les rapports sur les vœux des conseils généraux en 1841 et 1842 témoignent du vif intérêt que portaient ces assemblées à la question du reboisement. Mais avec leurs attributions très limitées, avec leurs budgets plus limités encore, elles n'ont pu jusqu'à présent que formuler des vœux, et leur influence n'a pas exercé sur l'opinion publique une pression suffisante pour arriver à un grand résultat.

Il faut dire cependant qu'en ouvrant les nombreuses voies de communication con-

nues sous le nom de routes départementales,
les conseils généraux ont rendu aux bois
en particulier un service très sensible. Il y
a dix ans M. Tesserenc appréciait ainsi l'é-
tendue de nos routes en France :

Grandes   routes,   34,290
kil.

A mettre en état. . . .   81,273 kil.

Routes   départementales ,
29,698 kil.

A mettre en état   42,736

Chemins de grandes com-
munications, 17,285 kil.

A mettre en état   52,975

Chemins vicinaux, 17,285
A mettre en état. . . . 586,887

C'est-à-dire **763,871** kilomètres, dont à cette époque moins d'un neuvième était à l'état d'entretien. Depuis lors cette situation s'est heureusement modifiée; mais elle est encore loin d'avoir acquis le développement qu'elle devrait avoir dans l'intérêt de l'exploitation de nos bois, frappés de mort, ainsi que nous allons le prouver, par les difficultés et quelquefois l'impossibilité du transport.

L'État possède à peu près **1,100,000** hect. de forêts, dont la valeur dépasse un milliard. Il y a vingt ans ces forêts donnaient un revenu annuel d'environ vingt millions, qui a doublé dans les dernières années. Or, en tenant compte des amélioration de culture, d'une intelligence plus sensible apportée à l'exploitation, il faut reconnaître que c'est surtout par la construction ou la mise en

état des voies terrestres que cette augmentation s'est produite.

Des calculs fondés sur l'expérience éta-
blissent qu'un stère de bois d'ouvrage, valant en moyenne 50 fr., donne lieu, pour
être transporté à une distance de 20 kilomètres, à une dépense qui varie dans la proportion suivante, d'après l'état des chemins
sur lesquels s'effectue le roulage :

Sur un mauvais chemin 15 fr. ; sur un
pierreux 7 fr. 50 c. ; sur un sableux 4 fr.
32 c. ; sur un bon chemin 2 fr. 50 c., proportion qui varie avec la valeur vénale de 30 à
5 p. 100.

Le transport du bois de chauffage, dont la
valeur n'est en moyenne que de 12 à 16 fr.
le stère, présente une absorption encore

plus considérable. A 20 kilom. cette dépense
entre dans sa valeur pour une proportion
de 94 à 16 p. 100, suivant l'état des chemins sur lesquels il est transporté (1).
Ainsi à 60 kilomètres ou 15 lieues un stère de bois de service voit sa valeur absorbée par son transport sur un mauvais chemin, tandis que sur une bonne route il
peut parcourir 400 kilomètres; et ce bois,
qui peut franchir une distance de 128
kilomètres sur un chemin en bon état,
perd sa valeur par un transport à 20
kilom seulement sur une de ces voies comme il y en a tant encore dans le voisinage de
nos forêts.

S'il est urgent d'améliorer les routes qui
servent à leur exploitation, il est également

(1) *Annales forestières*, 1848.

facile de démontrer que la dépense qu'on y appliquerait ne produirait pas un revenu de moins de 15 à 20 p. 100 du capital engagé dans ces travaux. Des documents officiels fournis par les agents forestiers il résulte qu'il y aurait à dépenser, pour diminuer les frais de transport dont sont grevés les produits forestiers une somme d'environ neuf millions, dont 4,426,442 fr. pour 298 chemins à ouvrir, et 4,600,500 fr. pour 476 chemins à réparer. Au moyen de cette allocation, qui s'appliquerait principalement aux Vosges, à la Moselle, au Jura, à la Meuse, la Haute-Marne, l'Allier et l'Aude, le produit des forêts de ces parties de la France augmenterait de 12 p. 100 du revenu annuel, environ 1,843,000 fr., ou 20 p. 100 de la somme consacrée à l'amélioration des voies de transport.

Chaque année la France importe pour plus de soixante-dix millons de bois étrangers, venant pour la plupart des ports de la Russie, de la Suède et de l'Amérique. A part les bois exotiques employés par l'ébénisterie, la France pourrait fournir à cette consommation qu'elle complète tout ce qu'elle achète si chèrement à des contrées étrangères. Pour ne citer qu'un fait ressortant de ce que nous disions tout à l'heure, on voit dans les forêts de l'Aude d'admirables sapins pourrir sur pied, au nombre de plus d'un million, lorsque ce département consomme chaque année pour six à sept millions de bois venant de la Suède et de la Russie. Le bas prix des transports par eau, d'un côté; de l'autre le manque de débouchés pour les produits forestiers, entretiennent ce triste état de choses, qui nous rend tributaires des ressources de nos voisins, lorsque nous

pourrions tirer parti des nôtres et faire
profiter le sol de cette énorme contribution.

Dans le tracé du réseau de chemins de
fer, alors que depuis long-temps cette insuffisance de débouchés pour nos forêts est
généralement reconnue, on ne paraît avoir
songé qu'aux grandes industries. « Aucun
» groupe métallurgique, dit le mémoire
» adressé l'an dernier à S. M. I., alors pré-
» sident de la République, aucun centre in-
» dustriel un peu important, n'a été laissé
» à l'écart. Quand, par une chance favora-
» ble et un heureux accident de position,
» quelques forêts se trouvent placées à la
» proximité de ces voies, on dirait qu'on
» tend à les leur interdire en y frappant les
» bois de tarifs plus élevés que ceux dont
» sont frappées les matières similaires des-

» tinées à leur faire concurrence, la houil-
» le et les fers, par exemple. »

La houille, favorisée par un affranchissement presque complet de droits à nos fron-
tières et à nos octrois municipaux, entre
tous les jours davantage dans la consommation générale. Chose étrange, à la fron-
tière flamande, les houilles de Belgique sont
moins chargées de droits que celles d'Angleterre, quoiqu'elles n'aient pas, comme
celles-ci, à traverser la mer; et si nous vou-
lions exporter en Belgique des houilles françaises, nous aurions à payer *quatre* fois les
droits qu'acquittent les houilles belges pour
entrer en France.

Mais à l'intérieur du pays, aux octrois
de nos villes, les choses se dessinent d'une
manière encore plus saillante. Jusqu'en

1813 les droits aux barrières de Paris n'é-
taient sur les bois de chauffage que de 10
fr. par décastère ; ces droits sont arrivés aujourd'hui à 31 fr. 80 c. Il en est résulté que
la consommation de la capitale, qui dépas-
sait 1,300,000 stères, a diminué progres-
sivement, et ne s'élève plus en 1852 qu'à
600,000 stères. Le droit d'octroi a donc
augmenté des deux tiers, et la consommation a baissé de moitié dans un mouvement
de réduction qui certes n'est pas arrivé à
son dernier terme.

Affranchie de tous ces droits en 1817, la
houille a profité de l'élévation des charges
frappant le combustible végétal, de l'accroissement rapide des populations, pour
envahir le marché et pour devenir d'un usage général. Cette exemption absolue s'est,
il est vrai, modifiée, mais elle existe encore

d'une manière relative. D'après les expériences faites par l'administration des mines, 180 kilogrammes de houille fournissent une chaleur égale à 1 stère de bois pesant en moyenne 360 kilogrammes ; ce n'est donc pas dans leur rapport d'unité de mesure que ces combustibles auraient dû être soumis au tarif, mais bien dans celui du calorique. La houille n'acquitte maintenant que le quart de la taxe qui pèse sur le bois, et comme à poids égal elle donne une fois plus de chaleur elle devait être imposée en conséquence ; depuis 1847 la consommation des combustibles évalués en poids a baissé d'environ un cinquième, tandis qu'elle a augmenté d'autant si on l'évalue en unités de calorique.

Les résultats de ces mesures désastreuses sont faciles à résumer. Les forêts et les nombreux ouvriers que leur exploitation occupe perdent chaque année avec la seule ville de Paris le débouché de 600,000 stères de bois, et, par suite de l'inégalité de taxe, cette ville voit diminuer ses octrois de plus de 450,000 fr. de produits annuels.

« On a voulu, s'écriait l'an dernier
» M. Dupin dans le conseil général de la
» Nièvre, que Paris devînt, comme Lyon et
» Manchester, une immense cité manufac-
» turière; on a voulu donner à Paris,
» comme à Birmingham, et franc de tout
» droit d'entrée, le combustible particulier
» aux manufactures, le charbon de terre:
» on a réussi. Que l'observateur parcoure
» nos faubourgs les plus turbulents, les
» plus formidables aux jours d'émeute, il
» en reconnaîtra l'importance à la vue de
» ces cheminées pyramidales industrielles,
» qui s'élèvent comme des minarets de l'é-

» meute. Voilà les créations favorisées au
» détriment de l'équité, le croirait-on, par
» des administrations qui se disaient mo-
» narchiques; l'insurrection leur a témoi-
» gné sa gratitude en renversant trois fois
» des monarchies imprévoyantes. »

Malheureusement le mal ne frappe pas
seulement le combustible ligneux ; il
atteint aussi les bois de service. Partout
on voit maintenant employer à Paris
les charpentes et les solivages en fer.
L'état, oubliant qu'il est le plus grand propriétaire de bois, le plus grand producteur
de charpentes de France, a donné l'exemple
dans les constructions administratives. Et,
par une inconséquence que M. Michel a fait
ressortir, d'une main il essayait de conserver le sol boisé en interdisant le défrichement, tandis que de l'autre il travaille à les

étendre et à les multiplier en avilisant les produits des bois et en leur fermant les débouchés les plus avantageux.

Déjà beaucoup d'entrepreneurs de charpente ont compris qu'ils auront de la peine à utiliser leurs immenses chantiers. — De l'un des premiers rangs qu'ils occupaient dans la construction des bâtiments, ils sont menacés de descendre vers les derniers. C'est à peine si les échafaudages, les escaliers et quelques petits travaux leur restent ; encore est-il douteux que l'industrie métallurgique ne s'empare pas du dernier rôle que joue le bois dans les constructions, pour se substituer entièrement à son emploi.

Le bois de chêne, il est vrai, est devenu depuis quelques années plus rare qu'autrefois, et le sciage pour charpente et pour plancher avait augmenté de prix ; mais nul doute qu'il en aurait été autrement si la concurrence métallurgique n'avait pas été aussi puissante. Au chêne se seraient substituées peu à peu nos meilleures espèces feuillues ou résineuses, rendues plus résistantes par les procédés et les combinaisons de la science, mises à l'abri des vers, du tarot, des intempéries, des influences, qui les attaquent et les perdent. Les découvertes de M. Boucherie, perfectionnées par MM. Bethell, Clift et bien d'autres, assuraient la possibilité de prolonger la durée du bois, en lui donnant une force inconnue jusque là, dont on s'est préoccupé sérieusement en Angleterre.

Jetons ici un coup d'œil rapide sur ces procédés et sur leurs résultats. Ceci touche essentiellement à notre sujet du reboisement et de son utilité par les essences résineuses.

Pour conserver les bois et les colorer, M. Boucherie substitue à leur séve des liquides chargés de sels à bases métalliques. En Angleterre M. Bethell emploie la *créosote* pour obtenir une conservation qui les rende à l'abri des plus puissantes actions détériorantes. Par la distillation du goudron de houille on produit plusieurs huiles bitumineuses mêlées à une certaine quantité de créosote, dont on connaît les propriétés anti-septiques. Lorsque cette substance est introduite dans une pièce de charpente à l'état frais, la créosote coagule l'albumine et prévient ainsi la putréfaction. Les huiles bitumineuses pénétrant dans tous les tubes capillaires de la fibre ligneuse, l'air et l'humidité se trouvant exclus, tous les pores étant hermétiquement fermés par des corps insolubles, dont l'un est inaltérable par le contact de l'air, la conservation du bois est assurée, dans quelque situation qu'il puisse être employé.

On comprend l'avantage d'un procédé qui rend aussi durables, et même plus durables que les autres, les bois les plus inférieurs en qualité, ceux qui, livrés à eux-mêmes, se détruiraient le plus rapidement, soit que les arbres aient été coupés trop jeunes, soit qu'ils appartiennent à des essences dont le bois est mou et imbibé d'une séve surabondante. Ceux-là en effet peuvent absorber une plus grande quantité de substance préservatrice, et peuvent par conséquent devenir assez durs et assez résistants pour conserver les qualités acquises pendant plus d'un siècle.

L'innovation a reçu ici la sanction de l'expérience.

Les bois préparés par M. Bethell ont été
employés sur plusieurs lignes de chemins
de fer anglais. Une grande portion de celui
de Londres et du Nord-Ouest repose sur des
billes préparées par la créosote depuis plus
de dix ans, et pas une de ces billes n'a
subi la moindre altération. Au chemin de
fer du Lancashire et du Yorkshire, on s'en
est servi non seulement pour des billes, mais
aussi pour des poteaux et pour du pavage
en bois ; et quoiqu'on eût exprès choisi des
morceaux d'une qualité tout à fait inférieure, la partie enterrée est demeurée aussi
saine qu'au moment de la mise en place, et
la partie supérieure est devenue d'une
grande solidité. Enfin un horticulteur anglais, M. Price, de Glocester, se sert depuis
plus de douze ans de bois créosoté pour ses
châssis à melons, et ce bois est resté dans
un tel état de conservation, qu'il n'hésite

pas à conclure qu'il pourra se conserver ainsi durant un temps indéfini.

Par le séchage auquel M. Bethell soumet le bois vert avant son injection, il perd en poids 3 kil. 600 grammes par pied cube anglais de 30 centimètres. Le pin d'Ecosse absorbe un poids de créosote égal à celui qu'il a perdu ; le pin de Memel, 5 kilogrammes 500 grammes ; et parmi ces bois tendres le hêtre est celui qui reçoit le plus de la substance préservatrice.

C'est en observant les momies égyptiennes, dit M. Clift, de Birmingham, dans son article inséré au *Journal des ingénieurs civils*, que M. Bethell a conçu la première idée de son invention ; les bois préparés par lui sont littéralement *momifiés*.

CHAPITRE VIII.

—

RÉSUMÉ.

I.

Résumons rapidement ce que nous venons d'exposer sur la situation forestière du pays.

—Jusqu'à Colbert, jusqu'aux ordonnanres de **1669**, destruction sans contrôle des richesses en bois que possédait la France.

— De **1789** à **1799**, époque du Consulat, liberté absolue, c'est-à-dire aliénation, pillage et défrichement.

L'Empire fut l'ère de la gloire et des conquêtes ; beaucoup de grandes choses s'accomplirent et furent organisées, mais le temps et le repos manquèrent au génie qui dirigeait nos destinées pour achever son œuvre. — Le *Mémorial de Sainte-Hélène* nous dit ce qu'il eût fait si Dieu lui eût donné le repos comme il lui donna la victoire.

En mettant les propriétaires dépossédés en possession de leurs bois, la Restauration ne fit qu'amoindrir le sol forestier.

Le Code de 1827, large dans ses dispositions, sage dans ses règlements, fut l'œuvre de législateurs habiles plutôt que de silviculteurs éclairés. Une protection insuffisante, des prescriptions impossibles, laissèrent l'avenir sans garantie, la production sans encouragement.

De 1830 à 1848, nous aurions bien des choses à dire sur l'exploitation de nos forêts ; la question de leur bonne ou de leur mauvaise administration a été souvent controversée. Quoi qu'il en soit, les défrichements continuèrent, et, malgré l'unanimité des vœux exprimés par les conseils généraux , malgré les désastres provenant du déboisement de nos montagnes, bien peu de mesures furent prises ; les tentatives manquèrent d'efficacité pour cicatriser le mal.

Laissons la révolution de 1848 ce qu'elle a été, l'histoire a commencé pour elle ; — Nous avons discuté en détail la proposition Dufournel ; l'intention était excellente, l'impossibilité absolue. Nos représentants, impuissants à rien faire, soulevaient chaque jour les questions les plus graves pour les laisser retomber, les abandonner, sans qu'aucune résolution sortît de leurs discours.

La France cependant demandait à vivre ; le découragement, stérilité de la richesse sociale, ne devait être que passager. Partout des grandes entreprises, de vastes associations, témoignaient des forces vives du pays essayant de se soustraire au tumulte démocratique qui paralysait sa puissance. Les grandes lignes de chemins de fer et la rapidité des relations plaçaient les centres de

production industrielle en face des consommateurs; le marché s'ouvrait sans transition ; producteurs et consommateurs, li-
bres d'intermédiaires, profitaient par leurs
rapports directs de délais long-temps es-
comptés. Mais l'agriculture était souffrante;
les bois, cette autre richesse du sol qui demandait encore plus de protection et de confiance, restaient en dehors de ce mouvement
général. Une association se fonda ; elle ap-
pela à elle les principaux propriétaires de
nos forêts, des hommes spéciaux dans cette
matière, et un mémoire fut adressé à l'Em-
pereur, alors président de la République.
Nous allons en faire l'analyse, ce travail se
trouvant en rapport direct avec le sujet que
nous venons de traiter :

« La diminution progressive du sol boisé
» est depuis des siècles l'objet des pré-

» occupations du gouvernement et de l'o-
» pinion publique.

» Les défrichements continuent malgré
» les entraves que la loi a voulu y opposer ;
» les reboisements, malgré les récompenses
» et les secours qu'on leur accorde, sont
» loin de réparer les vides occasionnés par
» les défrichements.

» Les propriétaires forestiers sont pla-
» cés sous un régime exceptionnel, régime
» d'abandon, de gêne et de charge.

» Par le mode de répartition communale,
» la difficulté que présente l'évaluation du
» produit des bois, la propriété forestière se
» trouve surchargée d'impôts. Il n'est pas
» rare de voir des sols boisés, estimés de pre-
» mière classe comme bois, descendre, après

» qu'ils ont été défrichés, à la seconde et
» même à la troisième classe comme terre
» arable.

» Les bois concourent avec les autres
» propriétés et presque toujours dans une
» plus large part aux frais des charges com-
» munales; mais quoiqu'ils paient le trai-
» tement du garde champêtre, le garde
» champêtre ne surveille pas les bois, et
» cette surveillance doit s'exercer par les
» agents directs du propriétaire et tomber à
» sa charge.

» Les bois concourent pour leur quote-
» part aux frais de contruction et d'entre-
» tien des routes, et cependant lorsqu'elles
» sont nécessaires pour leur exploitation,
» par suite de la disposition mal fondée qui
» assimile une forêt à une usine, bien qu'il

» soit établi que la quantité de matière ex-
» ploitable ne dépasse pas en poids celle que
» produit une prairie ou toute autre nature
» de culture de contenance égale, il ne peut
» s'en servir qu'en se soumettant à une
» contribution nouvelle et spéciale.

» Un autre désavantage frappe cette na-
» ture de propriétés : elle provient de l'abs-
» tention générale des autorités adminis-
» tratives et judiciaires, qui s'étend sur
» tous les bois des particuliers sans excep-
» tion. Les délits ruraux sont poursuivis
» d'office par les magistrats ; ceux causés
» dans les bois échappent à cette répres-
» sion ; il en résulte la dévastation, la ven-
» geance et l'incendie, également funestes
» à la moralité des populations et aux in-
» térêts de la propriété foncière.

» Enfin, il y a insuffisance des voies de
» transport, élévation des tarifs des canaux
» et des chemins de fer, surcharge des droits
» d'octroi à l'entrée des villes, tandis que
» les fers s'y introduisent en toute fran-
» chise, substitution de la houille au com-
» bustible végétal, inégalité de taxe frap-
» pant ces derniers d'une proportion quatre
» fois plus forte. Voilà en résumé la situa-
» tion de la propriété forestière en France.
» Telles sont les causes qui entretiennent le
» malaise et qui en amèneront la ruine, s'il
» n'est pas pris des moyens pour y apporter
» un remède prompt et efficace. »

II.

L'avenir forestier de la France est compromis, cela ne saurait faire de doute, si le pouvoir ne prend pas en considération les observations précédentes ; mais avec la satisfaction donnée à ces justes réclamations, il n'y a encore rien d'assuré s'il ne prête pas son concours au reboisement des terres incultes et dénudées, si les propriétaires ne reçoivent pas d'encouragements, de garanties, ou un mouvement d'impulsion.

Ce fait accepté et reconnu, une difficulté, abordée souvent, jamais surmontée, reste à vaincre. Par quels moyens et avec quelles

ressources la mesure générale du reboisement sera-t-elle accomplie ?

Un ministre des finances déclarait, il y a
quelques annés, à la tribune de la Chambre
des députés, que l'étendue des terrains à
revêtir de bois était de 1,268,000 hectares.
et que la dépense s'élèverait à 97 millions.

Quelle que soit l'importance de cette somme, nous ne serions pas effrayé du sacrifice
qu'il imposerait à l'état, sacrifice qui d'ailleurs serait réparti en annuités et largement
compensé par les résultats. Nous préférerions
cependant voir s'accomplir ce grand travail
par la société elle-même, car nous parta-
geons cette pensée que M. Dupin aîné expri-
mait à propos du reboisement : « Il faut se
» défendre contre un entraînement trop gé-
» néral qui voit la solution de toutes les ques-

» tions dans le budget , que l'on appelle au
» secours de toutes les infortunes et de tou-
» tes les inégalités (1). »

Lorsque la pensée fut conçue d'ouvrir
sur notre territoire de larges débouchés à
l'industrie et au commerce au moyen d'un
réseau complet de chemins de fer, quand
la loi voulut que la vicinalité fût établie et
que nos moindres routes devinssent pratica-
bles, on se serait effrayé certainement du
chiffre énorme que ces travaux devaient
atteindre, si ces chiffres avaient été groupés
et jetés en objection à une assemblée déli-
bérante. Le principe de la division du travail et de l'association est une puissance
féconde, qui a servi de base à l'état social et

(1) Dupin aîné, discussion du reboisement à
l'Académie des sciences morales.

qui peut vaincre de plus grands obstacles. Ce qu'elle a produit pour la locomotion, elle peut le produire pour le reboisement, et nous croyons facile à démontrer qu'elle y arriverait sans aggravation sensible de charge, et même avec un bénéfice assuré après un certain temps, si le gouvernement venait lui prêter son concours.

Comme le demandait M. Dufournel, un travail préalable est nécessaire. La statistique des terrains à reboiser n'a pas été suffisamment étudiée jusqu'ici pour permettre qu'une mesure générale vienne réglementer cette opération.

Mais cette statistique est facile à établir, grâce au concours des agents intelligents dont dispose l'administration forestière : la France pourra être divisée par bassins, classés suivant leur importance relative, dont le reboisement sera opéré en raison de cette importance, et en suivant la naissance des cours d'eau, qu'il est utile désormais de maintenir dans leurs limites normales. On évitera ainsi ces désastres et ces inondations qui sont venus depuis quelques années frapper les parties les plus fécondes et les plus riches de notre sol, et on aura une base pour suivre une marche régulière et raisonnée.

Au moyen de ce travail les bassins des fleuves, ceux des vallées représentant le département ou l'arrondissement, offriront dans les charges qu'il imposera une analogie avec ce qui existe maintenant dans la répartition des contributions. Le conseil général d'agriculture ayant été appelé à déterminer les bassins par lesquels l'opération

devrait commencer, et les conseils généraux à désigner les vallées, l'administration
établirait le degré d'intérêt de chaque département, de chaque commune, aux tra-
aaux de reboisement, et les dépenses se
trouveraient réparties en raison des besoins
constatés des localités et des ressources dont
il serait possible de disposer.

Ces ressources, il est difficile, avec les
charges qui pèsent déjà sur la propriété
foncière, de les demander à l'impôt par centimes additionnels ; il est naturel et équita-
ble cependant qu'elle soit en grande partie
chargée d'un travail qui doit en définitive lui
profiter. Il ne s'agit pas d'ailleurs d'une
dépense instantanée, mais bien d'alloca-
tions successives que beaucoup de communes pourront fournir sans grever sensiblement leur budget. A celles qui sont

trop pauvres, la prestation en nature offrira le moyen d'acquitter leur quote-part,
et la dépense ne leur sera pas plus pesante
que celle qu'elles votent chaque année pour
leurs chemins vicinaux ou pour l'entretien
de ces chemins.

On a , depuis quelque temps, discuté la
moralité et la convenance de cet impôt;
mais jamais à notre connaissance la prestation n'a donné lieu à des réclamations
semblables à celles que soulève l'introduc-
tion d'un nouvel impôt foncier. La prestation est une charge toujours adoucie par
l'administration municipale , une application locale des fonds et du travail; c'est, de
tous les impôts, celui qui est le plus à la
portée de l'intelligence publique; et la
preuve, c'est que le nombre des communes où la prestation en nature a été appli-

quée *sur la demande des conseils municipaux* était, sur 36,191 qui pouvaient y
avoir recours, de 23,844 en 1838, et
d'environ 29,000 en 1841 ; progression en
trois ans de plus d'un cinquième.

Par la prestation appliquée au reboisement le prestataire devient directement in-
téressé au succès de son travail, puisque
de sa destruction résulterait la prolongation
de son impôt. On obtient ainsi, sans une
surveillance incessante et onéreuse, l'assurance que le reboisement sera respecté et
protégé par ceux qui, dans une autre situation, en seraient les déprédateurs.

Nous avons dit tout à l'heure que la mesure du reboisement pouvait être dirigée de
façon à ne pas constituer de charges sensi-
bles et à amener après un certain temps un

résultat productif. Nous croyons avoir indiqué le moyen d'éviter la création d'un nouvel impôt, en appliquant à cette mesure la prestation dont beaucoup de communes seront prochainement déchargées par suite de l'achèvement de leurs chemins vicinaux. Les départements, eux aussi, trouveront dans la disposition des centimes qu'ils s'étaient imposés, soit pour la confection du cadastre, soit pour la construction des maisons d'écoles et pénitentiaires, palais de justice ou travaux d'art, des ressources qui leur permettront de concourir au reboisement sans aggravation de quote-part pour le contribuable. Sans doute, l'état devra intervenir dans l'ensemble du travail; il sera entraîné à secourir certaines localités où la population se trouve insuffisante. Mais nous ne pensons pas que son concours l'oblige à sortir des limites ordinaires du budget, amélioré chaque année par la reprise de la confiance publique et le mouvement progressif de l'industrie et du commerce.

Le reboisement opéré, la loi, en dérogeant à l'immutabilité de l'impôt fondée par le cadastre, classera des terrains d'une valeur insignifiante à une valeur fort supérieure. — L'adoption d'une mesure mixte, qui consisterait à englober, seulement dans le chiffre cadastral du département, une portion de la valeur estimative des terrains reboisés, tandis que l'autre portion, ajoutée à ce chiffre, en formerait un supplément donnant lieu à une addition correspondante dans l'impôt annuel du département, suffirait pour que l'état et les propriétaires profitassent d'une opération dans laquelle ils trouveraient une indemnité réelle. M. Dugied, avant M. Grandvaux (1), a proposé d'ajouter au chiffre cadastral du département, non pas une partie, mais bien la totalité de la valeur foncière créée par le reboisement, et il a calculé qu'en supposant pour vingt mille hectares une dépense par l'état de 554,000 fr., le Trésor, après quatre-vingt-six ans, serait couvert de ses avances, et de plus aurait un boni annuel réalisé.

Avec le concours de la prestation et des centimes départementaux, non seulement l'opération exécutée sur de plus larges bases présenterait un résultat proportionnel, mais ce résultat serait d'autant plus fructueux que la quote-part de l'état se trouverait diminuée du travail et des subventions produits par les localités.

(1) Grandvaux, 216, *D. des m. p.*, 51.

III.

La lecture du travail rapide que nous venons de soumettre aux esprits sérieux qui
cherchent dans leur application les améliorations réelles a fait comprendre que,
frappé de la certitude du mal, nous n'a-
vions qu'une espérance médiocre dans les
remèdes. Il suffit en effet de suivre, en dehors du mouvement qui entraîne la société,
les principes qui le font naître, pour s'assurer que l'industrie en prend la plus large
part. La mobilisation des fortunes semble
avoir tout mis en viager parmi nous ; il ne
reste plus à nos hommes d'intelligence et
d'action le souffle nécessaire à l'accomplis-
sement de travaux longs et successifs, et cependant le reboisement rencontre plus de

prosélytes chez les particuliers que dans les agents du gouvernement. Voilà pourquoi, édifié par tant de tentatives infructueuses, nous avons envisagé l'avenir forestier du pays plutôt dans ses rapports avec les essences résineuses que sous celui d'une opération complète et normale. Ces améliorations, d'une dépense relativement médiocre, offriront à la génération qui les accomplira la perspective d'un résultat qu'elle pourra recueillir. — Le développement serait plus sensible si la propriété forestière était seulement traitée sur un pied d'égalité avec la propriété agricole, et si on écoutait les réclamations des silviculteurs comme on a entendu celles de la métallurgie et des vinicoles. — Frappés des dangers qui les menacent, de l'oubli dans lequel tombent leurs produits, les propriétaires de forêts commencent à comprendre qu'ils doivent s'unir et élever la voix au milieu de toutes celles qui réclament, pour fixer les regards du pouvoir. Nous entrons dans une ère nouvelle ; la France doit être lasse de révolutions ; c'est le moment ou jamais d'accomplir les grandes choses que l'union dans la civilisation peut créer. Une volonté toute-puissante a déjà manifesté ses généreuses intentions pour le développement de la Sologne et de la Brenne. Espérons qu'elle exercera son influence sur la question du reboisement, et que *les soldats de la paix*, pour nous servir d'une expression illustre, seront appelés à prendre part à ce grand, utile et fécond travail.

Nous terminerons cet ouvrage en appelant l'attention sur une nouvelle essence de résineux, le *taxodium sempervirens*, originaire de la Californie. Cet arbre à haute tige prend une croissance rapide, et a, dit-on, l'avantage inappréciable de repousser sur souche, par rejet, comme le chêne, le char-me, etc. M. Rémon, dans ses pépinières de Versailles, en possède un exemplaire de huit ou neuf ans, qu'il a plusieurs fois recépé pour en faire des boutures, et dont l'élévation atteint deux à trois mètres. Si ce résineux tient ce que quelques personnes en promettent, et s'il s'acclimate dans ces contrées en s'accommodant d'un sol médiocre, il est appelé à rendre de véritables services. Le taxodium sera le seul des résineux pouvant être aménagé en taillis, et, sous ce rapport, il produira dans nos cultures forestières une révolution complète.

FIN.

1714 — Paris, imprimerie Guiraudet et Jouaust, rue Saint-Honoré, 338.